동영상
스스로
끄는 아이

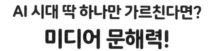

AI 시대 딱 하나만 가르친다면?
미디어 문해력!

동영상 스스로 끄는 아이

통제와 허용 사이에서
고민하는 부모님을 위한 가이드

이윤정 지음

'경험이 미래에게'
미류책방은 미미와 류의 2인 출판사입니다.
경험이 미래에게 들려주는 수북한 시간들을 담으려고 합니다.
책을 만들고, 책을 읽는 그 모든 시간들이 아름답게 흘렀으면 좋겠습니다.
그리하여 먼 훗날, 한 그루 미류나무처럼
우리 모두 우뚝 성장해 있기를 소망합니다.

프롤로그

영국 옥스퍼드대학이 선정한 2024년 올해의 단어는 "뇌 썩음 Brain rot"이었습니다. 쇼츠와 릴스가 넘쳐나는 시대에 우리 뇌가 이제 견딜 수 없을 만큼 악화되었다는 것을 섬뜩하게 보여 주는 키워드였죠. 시대상을 너무 적나라하게 보여 주는 단어라 그냥 듣고 넘어갈 수만은 없었습니다. 성인뿐만 아니라 디지털 콘텐츠의 범람 속에서 아이들도 그 폐해를 고스란히 입고 있으니까요.

만 3~9세 어린이들의 평균 미디어 이용 시간은 하루 3시간을 넘었어요. 60초 이내의 숏폼 콘텐츠를 하루에 1시간씩 보는 어린이의 비율도 50퍼센트가 넘고요. 어린이들이 하루에 100여 개의

쇼츠를 보고, 콘텐츠 시청 가이드가 전혀 없는 성인 대상 유튜브를 보며 하루를 보내고 있어요. 아직 완전히 자라지 않은 아이들의 뇌가 위협받고 있습니다.

아이를 학교나 학원에 데리러 가는 날이면, 계단 한구석에서 코를 박고 게임을 하거나 끊임없이 유튜브 영상을 넘기는 초등생들을 쉽게 봅니다. 그런 아이들을 보면 너무나 미안한 마음이 들어요. '어른으로서 우리가 아이들을 지켜 주지 못하고 있구나', '사회적이고 구조적인 문제에 우리가 손을 놓고 있구나' 하는 생각을 지울 수가 없거든요.

저는 어린이 신문 기자로 커리어를 시작해, 잡지 에디터와 광고 미디어 플래너, AI 서비스 기획자를 거쳐 15년째 미디어 분야에서 일을 하고 있어요. 콘텐츠와 광고, 플랫폼, AI까지 두루 경험했습니다. 미디어 서비스 기획을 하면서 항상 갖게 되는 딜레마 중 하나는 서비스(콘텐츠)와 상업성의 양면성이에요. 시간과 시선을 뺏는 일이 미디어가 하는 일인가 싶기도 하죠. 유튜브, 인스타그램 등을 만드는 실리콘 밸리의 빅테크 기업들, 천재들의 집합소에서는 보다 조직적이고 전문적으로 '시간 뺏기'가 설계되고 있고요.

그러다 보니 개인의 노력만으로 미디어 조절을 한다는 것은 쉽지 않은 일이에요. 그래서 국가적인 차원에서 디지털 전면 금지를 선언하고 나서는 나라들도 늘고 있어요. 호주는 지난해 전 세계에서 최초로 청소년의 SNS를 전면 금지하는 법안을 통과시켰고, 프랑스, 덴마크 등도 초중등학교에서 휴대 전화 사용을 금지하는 정책을 시행 중이에요. 유치원에서 디지털 기기를 적극적으로 사용하던 스웨덴서도 6세 미만의 디지털 학습을 완전히 중단했습니다.

하지만 감시와 통제만으로 아이들을 키울 수는 없습니다. AI 시대를 살아가는 아이들에게 디지털로 정보를 얻는 건 너무도 당연한 일이고, 잘 활용하면 세상을 바꿀 씨앗이 될 수도 있으니까요. 그렇기 때문에 아이와 부모 모두에게 '미디어 리터러시' 교육이 너무나도 필요해요. 미디어란 어떤 것인지, 어떻게 만들어지는지, 콘텐츠가 묘사하고 있는 세계는 실재와 무엇이 같고 다른지, 유튜브에 광고는 왜 나오는지, 시청 연령은 왜 있는지, 제한 없이 영상을 보면 어떻게 되는지, 보상으로 미디어 시청이나 게임을 하게 되면 어떤 점이 좋지 않은지 등 미디어 생활과 관련해 나눌 이야기가 많이 있어요.

"현실에선 과잉보호하고, 온라인에선 과소보호한다."

조너선 하이트의 책 『불안세대』(웅진지식하우스)에서 가장 인상 깊은 구절이자, 미디어의 적절한 제어와 활용 사이에서 균형을 잡아야 하는 부모님들이 한번쯤 생각해 보아야 할 문장이에요. 현실에선 아이들에게 지나치게 확인하고, 지시하고, 통제하지만 디지털 세계에서는 아이들을 방치하는 역설이 벌어지고 있어요. 오히려 현실에서는 아이들에게 더 많은 놀이와 자유를 허락하고, 온라인에선 보다 세심한 개입이 필요한데도 말이죠.

제 스스로 어린이 미디어 리터러시에 대해서 이야기해도 괜찮겠다고 생각한 부분은, 제 아이와 끊임없이 미디어로 줄다리기를 하고 있기 때문이에요. 저희 부부는 미디어 업계에서 일하고 있고 기자인 남편은 『안녕? 나는 호모미디어쿠스야』라는 청소년을 위한 미디어 리터러시 책을 쓰기도 했어요. 그런 저희도 '디지털 미디어를 허용해야 하는지, 제한해야 하는지' 판단하기 어려울 때가 있었고, 양가 부모님 도움 없이 오롯이 맞벌이로 일하면서 아이에게 '스마트폰 좀 보여 주면 어때?' 하는 생각도 자주 스멀스멀 올라왔거든요.

이런 고민에 부딪힐 때 '참고할 만한 육아 선배들의 책이 있으면 참 좋겠다'는 생각을 많이 했는데, 아쉽게도 찾을 수 없었어요. 정말 다행인 건, 저희 부부는 대화를 많이 하는 편이라 어떤 것이 아이에게 좋을지, 또 잘못한 건 어떻게 고쳐 나갈지 등을 많이 상의했어요. 그러면서 우리 가족만의 미디어 규칙을 세워 나갔고,

아이가 크면서는 그 규칙을 만드는 데 아이도 함께했어요. 보통의 가정은 저희처럼 미디어 때문에 씨름하고, 또 아이를 위해 좋은 방법을 고민하고 있을 거예요. 그런 분들에게 저의 이야기가 도움이 되고, 현실적인 미디어 활용 팁이 될 수 있다면 좋겠습니다.

2025년 5월

이윤정

차례

1장

왜 우리 아이에게
미디어 문해력이 필요할까요?

밀레니얼 세대와
알파 세대의 미디어 전쟁

저희 부부는 디지털에 익숙한 밀레니얼 부부예요. 초등학생 때부터 인터넷을 썼고, 중학생 때 모바일을 손에 쥐었습니다. 대학생 때 첫 스마트폰인 아이폰이 세상에 나왔고요. 30대인 지금은 한창 일할 나이니 집에만 노트북이 3대 있고, 패드 하나에 손에 스마트워치도 차고 있어요. 또 아이를 낳고 AI 부서에서 일하면서 거실에 AI 기기를 턱 하니 놓게 되었어요.

이 책을 보시는 여러분도 저희와 비슷하실 거예요. 이렇다 보니 우리 아이들은 디지털로 둘러싸인 환경에서 자라게 돼요. 태어나자마자 엄마, 아빠가 스마트폰을 만지작거리는 모습을 보게 되니 당연히 그 기기에 관심이 갈 수밖에 없어요. 엄마, 아빠라는 말보다 인공 지능 기기의 이름(호출어)을 더 먼저 부르는 일도 생겨요.

'알파 세대'는 엄마, 아빠보다 AI 기기 "알렉사Alexa!"를 먼저 말한 세대를 뜻해요. 알렉사는 전 세계적으로 가장 많이 팔린 인공 지능 스피커인 아마존 에코Amazon echo의 AI 비서 이름이에요. 한국식으로 정의하자면, 태어나서 "엄마", "아빠"보다 "지니야!"를 먼저 말하는, 2010년 이후에 태어난 AI 네이티브native가 알파 세대예요. 지니Genie는 KT의 AI 비서의 이름인데, 우리나라에서 AI 스피커로 가장 많이 팔린 기기예요.

알파 세대는 어려서부터 AI 환경 속에서 자라요. 거실에 놓인 AI 스피커에게 날씨를 물으며 하루를 시작하고, 유튜브 추천 알고리즘에 따른 동영상을 보고, AI 성우가 영어로 유창하게 읽어 주는 베드타임 스토리를 듣다가 잠이 들지요.

2016년생인 제 아들도 그랬어요. AI 스피커로 동요를 듣고, 유튜브가 추천해 주는 영상을 보며 자랐어요. 엄마는 AI 교육 서비스를 만들고, 아빠는 TV 뉴스에 나오니 디지털 미디어가 아주 익숙했어요. 아이가 다섯 살 때 저희 부부가 하는 대화를 듣더니 "셋톱 박스set-top box가 뭐야?", "유튜브가 OTTover the top야?"와 같은 질문을 해서 깜짝 놀랐던 적도 있어요.

초등학생인 지금은 디지털 앱으로 외국어를 공부하고, 유명

과학 선생님의 실시간 줌zoom 수업을 듣고 있어요. 영상은 저희가 조금 엄격하게 제한하는 편이라서 주중에 한 번, 주말에 한 번, 보고 싶은 영상을 가족과 모두 함께 봐요. 주말에는 너무도 기다리던 모바일 게임을 1시간 동안 아껴 가며 하고 있고요. 이렇게 태어나서부터 기술적 진보를 경험하며 자라나는 아이들에게 AI와 그 기술을 기반으로 한 디지털 미디어는 떼려야 뗄 수 없는 사이예요.

디지털 미디어로 다양한 정보를 접하고 효율적으로 사용하는 것은 기술을 똑똑하게 이용하는 밀레니얼 세대와 알파 세대의 특권입니다. 그런데 제대로 똑똑하게 이용하기가 쉽지 않아요. 미디어 자체의 문제가 아니라, 앱과 웹 프로그램이 설계되는 방식이 기기를 손에서 놓지 못하도록 구성되어 있기 때문이죠. 그렇다 보니 어른들도 디지털 미디어의 유혹에서 자유롭지 않아요. 과격하게 말하면, 부모인 밀레니얼 세대부터가 디지털 미디어 중독인 경우가 많아요. 아이를 키우면서 스마트폰을 놓은 적이 없고, 그래서 아이들에게도 쉽게 스마트폰을 내어 주지요.

아이와 사전에 협의된 규칙이 없으면 미디어 생활이 그야말로 전쟁이 돼요. 무엇보다 '일관성'을 갖기 어렵고 그러면 아이나 부모의 기분에 따라 미디어를 사용할 확률이 높습니다. 아이가 울 때 달래는 용으로 스마트폰을 보여 주거나 부모가 힘들 때, 혼자 있고 싶을 때도 쉽게 디지털 기기를 내어 주게 되고요. 육아에 일관성이 없으면 아이들이 가장 힘들어요. 어제는 분명 밥 먹을 때 유튜브를 봤는데 오늘은 안 된다고 하니, 아이 입장에서는 이해가 안 되고, 이걸로 혼까지 나면 억울하기까지 합니다.

저희 집도 한때 그랬어요. 출근 준비에 퇴근 이후 육아와 집안일까지 해치워야 하는 맞벌이 부부에게 아이가 떼를 쓰면 가장 쉽게 선택할 수 있는 게 스마트폰이니까요. 실제로 한국언론진흥재단의 '2023 어린이 미디어 이용 조사'를 보면, 부모가 만 3~9세 자녀들에게 스마트폰을 허락하는 이유의 절반 이상은 아이의 스트레스 해소나 기분 전환을 위해서였어요. 아이가 짜증이나 화를 낼 때, 그것을 잠재우는 수단으로 스마트폰을 내미는 경우가 절대적이었습니다. 세부적으로 살펴 보면, 유튜브를 허락하는 이유의 59퍼센트가 아이 기분 전환용이었어요. 그런데 기분에 따라 들쑥날쑥 미디어를 이용하게 되면, 미디어 통제가 더욱 힘들어져요. 이외에도 습관적으로 스마트폰을 보거나(12퍼센트) 아이가 졸라서(15퍼센트) 사용하는 경우도 상당수였어요.

반대로 말하면 미디어 규칙을 갖고 일관성을 유지하면, 미디어를 보다 현명하게 활용할 수 있다는 뜻이에요. 디지털 미디어에 끌려다니지 않으려면 아래 3가지를 점검해 봐야 해요.

첫째, 가정 내에 미디어 규칙이 있는가?

언제, 얼마큼, 무엇을, 어떻게 볼 수 있는지 등을 자세하게 정한 규칙이 있어야 합니다. 구체적으로 정할수록 좋아요. 예를 들어 "어린이집 다녀와서 오후 5시에 30분 동안", "TV로", "엄마랑 같이", "핑크퐁 율동 동요 보기"와 같이 정하는 겁니다.

둘째, (규칙이 있는데도 아이가 잘 지키지 않는다면) 충분히 합의된 규칙인가? 아이가 쉽게 지킬 수 있는 정도인가?

아이들을 훈육할 때 규칙의 70~80퍼센트는 아이가 큰 노력 없이 해낼 수 있는 것이어야 해요. 나머지는 조금의 노력을 들여 해낼 수 있는 정도가 적당합니다. 매일 또는 정기적으로 해내야 하는 것인데 너무 힘들게, 모든 자제력을 동원해야 할 수 있는 것이라면 아이가 감당하기 힘들어요.

셋째, 부모가 100번이고 1,000번이고 같은 원칙을 반복하며 아이의 습관이 되도록 도와주는가?

아이가 밥을 잘 안 먹어서, 또는 잠을 잘 안 자서 고민인 부모님들 많으시죠. 마찬가지로 동영상 보다가 한 번에 끄는 것, 약속한 시간에 쿨하게 이별하는 것도 어렵습니다. 자주 떼쓰고, 더 보고 싶다고 조를 거예요. 하지만 아이가 잘 해낼 때마다 칭찬하고 그걸 끊임없이 반복하다 보면, 아이의 미디어 자기 조절력도 자라납니다.

그런데 부모가 자녀들에게 미디어 교육을 실천하기는 말처럼 쉽지 않아요. 위 조사에서도 아동 보호자의 60퍼센트는 미디어 교육을 받은 적이 없다고 대답했어요. 금지하기만 하고 방법을 모르니 오히려 아이와의 갈등 상황으로 번진 적이 많고요. 또 솔직한 마음으로 이런 통제와 협상을 언제까지 해야 하는지 답답할 때도 많아요. 도대체 아이가 언제 스스로 스마트폰을 끄고, 유튜브를 끄고, 책상에 앉을까 생각하지요.

그런데 그런 일은 절대로 저절로 일어나지 않습니다. 아이에게 전권을 맡기면 스스로 해낼 거라는 것은 환상이에요. 본인이 뜨거운 것을 한 번 만져 보면 앞으로 안 해야겠다고 경험적으로 알게 되는 것처럼 '미디어도 본인이 질릴 대로 하다 보면 안 하겠지' 하고 기대하는 부모님들도 있는 것 같아요. 절대 그렇지 않습니다. 그런 정도의 의지와 결심은 적어도 중고등학생은 되어야 가능해요. 뇌 발달상으로 말하면 전두엽 발달을 마치는 30대 정도가 되어야 될까 말까입니다. 그 사이에 미디어에 노출된 아이들의 뇌는 크게 망가져 버릴지도 모르고요.

미디어 자기 조절력을 기르려면 양육자의 엄청난 개입이 필요합니다. 옆에서 지켜만 보아서는 안 돼요. 우리 아이의 미디어 자기 조절력은 끊임없이 대화 나누고, 협상하면서, 정말 세심한 교육 속에서 바르게 길러질 수 있는 소중하고 가치 있는 능력입니다.

AI 네이티브는
미디어 문해력을 타고날까요?

디지털에 익숙하다고 생각하는 밀레니얼 부모 세대도 알파 세대인 우리 아이들을 보고 있으면 디지털 노출 정도에 혀를 내두르게 돼요. 그야말로 AI 네이티브, 즉 디지털 원주민이라고 할 수밖에 없어요. 우선, 아이들은 엄마 배 속에서부터 디지털 경험이 시작돼요.

요즘 엄마들은 임신하면 임신 주차 관리 앱APP을 설치하는 경우가 많아요. 태아가 어떻게 자라고 있는지 하루하루 그림과 함께 알려 주고, 엄마의 컨디션 변화에 대한 설명과 임신 기간에 대한 조언까지 담겨 있어 아주 유용하지요. 예전에는 두꺼운 임신 출산 백과를 사서 봤다면, 이제는 앱에서 관련 정보를 개인 맞춤형으로 제공 받을 수 있어요. 데이터를 부부가 공유할 수 있기 때문에 임신 과정을 아빠도 함께할 수 있다는 것도 장점이고요. 무엇보다 매일 태아의 상태가 시각적으로 제공되고, 산모의 변화도 구체적인 정보로 나와 막연한 불안을 낮출 수 있어요.

책과 달리 앱은 ① 매일 ② 개인 맞춤형으로 육아 정보를 만나게 해 줍니다. 이렇게 디지털 미디어와 콘텐츠가 일상화되면 매체를 접하는 '빈도'가 급격히 늘어나지요. 예를 들어 육아서는 궁금한 게 있을 때 들춰 보거나 태아 검진 갈 때만 찾아 보는 정도였다면, 앱은 설치하는 순간부터 매일 접속하게 됩니다. 직접 켜지 않더라도 앱 알람 메시지가 와서 정보를 접하는 횟수가 늘어나요. 궁금한 정보가 제공되니 유용하고 편리하다고 느껴요. 그런데 이 정보가 덫이 될 수 있어요. 맞춤형이란 이름으로 필터링된 정보를 접하게 되면서 편견이 강화될 수 있거든요. 맞춤형 정보는 시간을 아껴 주고 유용하지만, 결국은 시야를 좁히는 큰 단점이 있습니다.

아이들에게 디지털의 양면성은 더 크게 영향을 미쳐요. 아직 어리기 때문에 디지털 미디어에서 접하는 콘텐츠를 맹신할 수 있고, 무엇보다 사실과 의견에 대한 구분이 모호한 시기이기 때문에 부모님이 주의 깊게 관심을 가져야 해요.

이제 개개인별로 타깃화된 AI의 보편화는 다가온 현실이에요. 매년 1월 미국 라스베이거스에서 개최되는 세계 최대의 전자 제품 박람회 CES에서는 2023년을 'AI의 파도', 2024년을 'AI의 쓰나미'라고 정의했어요. 2025년은 'AI 혁명'입니다. 이제 특정 기업이 AI 기업이 아니라, 모든 회사가 AI와 함께합니다. AI 기술의 가속화와 함께 디지털 미디어의 침투도 더 정교해질 거예요. 모든 디지털 미디어가 콘텐츠를 개인 맞춤형으로 제공하면서, 아이들이 클릭할 수밖에 없도록 유도할 거예요.

디지털 미디어의 쓰나미 속에서 미디어 리터러시(문해력)는 더욱더 중요해집니다. 초등학교 3학년이 되면 학교에서 생존 수영을 배우듯이, 일찍부터 디지털 정보에서 현명하게 유영하는 법을 배워야 해요.

미디어 리터러시는 미디어에 대한 ① 접근 ② 분석 ③ 평가 ④ 창조 능력을 일컬어요. 이 중 접근 능력은 미디어와 콘텐츠에 지속적으로 접속해 활용할 수 있느냐 하는 것이에요. 요즘 아이들은 모두 접근 능력이 출중합니다. 디지털 기기에 익숙하지 않은 할머니, 할아버지들에게 스마트폰이나 태블릿 PC를 자유자재로 사용하고, (심지어 까막눈인데) 영상을 선택하거나 설정을 이리저리 바꾸는 손자 손녀는 신기하고 기특해 보입니다. 미디어 사용에 대한 심리적, 물리적 장벽이 있는 사람들에게는 접근 그 자체가 능력처럼 보이기도 합니다.

하지만 실제 사용해 보면 '조작' 자체는 대부분 한두 번의 사용으로 충분히 익힐 수 있어요. 사용자 경험UX: User Experience을 보다 쉽고 직관적으로 하기 위한 화면 구성이나 설계UI: User Interface가 발달하면서 이제 대부분의 디지털 기기가 더 이상 두꺼운 사용 설명서를 제공하지 않을 정도예요. 몇 번의 직관적인 터치면 원하는 콘텐츠를 손에 넣을 수 있어요.

유아의 TV 시청 시작 시기도 점점 빨라지는 추세예요. 초등학생의 스마트폰 보급률은 이미 90퍼센트를 넘었고요. 저는 종종 진득하게 공부할 게 있으면 스터디 카페를 가요. 거기서 요즘 중고등학생들을 보면, 태블릿 PC로 동영상 강의를 보면서 또 다른 패드에 전자펜으로 필기하며 정리하는 것이 일상이더라고요. 그만큼 디지털 미디어의 접근이 어느 때보다 쉬운 세대입니다.

그런데 미디어 리터러시는 디지털 환경에 놓인다고 저절로 길러지는 것은 아니에요. 오히려 제한 없는 접근이 가능해지고 미디어 환경이 복잡해지면서, 디지털 미디어 과의존으로 인한 문제가 심각해지고 있어요.

부모님이 크게 착각하는 것 중 하나가 디지털 기기를 사 주는 것으로 우리 아이가 AI 시대에 대비한다고 생각하는 거예요. 최신 기기를 빨리 사 줘 얼리어답터early adopter가 되면 앞서 나가는 것처럼 여기죠. 정말로 중요한 분석·평가·창조 능력을 키우려면 미디어 접근이 적절히 제어되어야 해요. **결국은 사고력을 어떻게 기르느냐인데, 그런 판단력을 키워 주는 뇌는 보호되고 생각할 시간이 주어져야 발달할 수 있어요. 즉, 미디어 접근이 적절히 제한되어야 미디어 리터러시도 자랄 수 있습니다.**

아이들이 원하는 것은
미디어가 아니라 '놀이'

저희 아이는 18개월 즈음에 처음 태블릿 PC를 접했어요. 제가 육아 휴직 6개월 동안 아이를 돌봤고, 그 후 1년은 친정 엄마가 사랑으로 키워 주셨어요. 이렇게 전적으로 아이를 보는 어른이 있을 때는 육아가 그래도 수월했어요. 낮잠 시간이 꽤 길어서 조금은 숨통이 트였고, 먹놀잠(먹고 놀고 자는) 패턴이 익숙해지면서 육아가 할 만했어요. 가정 내에서만 생활하다 보니 꼭 해야 하는 일이 있는 것도 아니었고, 아이가 원하는 것을 맞춰 주면서 즐겁게 보냈던 것 같아요.

그런데 18개월부터 전쟁이 시작됐어요. 육아 때문에 서울에 올라오셨던 엄마가 다시 지방으로 내려가고, 부부가 맞벌이를 하며 오롯이 육아를 전담하는 상황이 됐어요. 출근 전에 아이를 어린이집으로 등원시키고, 저희도 지각을 피하려면 아침에 정신이 하나도 없었죠. 게다가 아이는 아침잠이 없는 편이라 5시면 일어났어요. 그때부터 꼬박 3시간을 놀아 주고 등원시키면 부부 모두 기력이 쏙 빠질 지경이었어요.

이때 처음 아이 손에 태블릿 PC를 쥐어 주게 됩니다. 9개짜리 간단한 퍼즐과 풍선 터트리기 게임, 동요 영상 등을 틀어 주었어요. "잠깐만 하고 있어" 하면서 후다닥 출근 준비를 했지요. 저희가 할 수 있는 최선이라고 생각했고, 아이에게 큰 문제도 없다고 생각했습니다. '그래 18개월도 지났고, 이제 영상 보여 줘도 된다고 하잖아. 아이에게 교육적인 영상인데 뭐가 나쁘겠어?'라며 스스로 합리화하기도 했고요.

그렇게 아이는 6개월 정도 이런 패턴을 유지했어요. 저희가 출근 준비하는 시간에 15~20분 정도는 태블릿으로 영상을 보거나 게임을 했고, 그걸 당연하게 생각하는 시간을 지나왔습니다. 정말 이 시기는 우당탕거리며 육아와 회사 생활을 병행했어요. 디지털 미디어는 그런 험난한 육아 과정에서 한 줄기 빛과 같은 존재였고요. 아이가 영상에 조용히 집중하고 있으면 다른 일들을 빠르게 해치울 수 있었죠.

미디어 생활을 돌아보게 된 건 24개월 즈음에 어린이집 담임 선생님과의 상담이 큰 역할을 했어요. 선생님께서 영상을 얼마나 보여 주고 있느냐고 물어보셨고, "이 시기에는 아이 혼자 영상 보는 시간이 5분도 많을 수 있다"며 "한번 줄여 보라"고 조언해 주셨어요. 처음에는 '하루 20분이 뭐가 많지?' 하는 생각이었어요. 하지만 '선생님 말씀이니 한번 해 볼까?' 하는 생각도 들었어요. 선생님께서 이 시기 아이들에게 '상호 작용'이 얼마나 중요한지 말씀해 주셨고, 공감이 됐거든요. '우리도 한번 해 보자' 하는 생각에 실천해 보기로 했어요.

빠른 실행력의 소유자인 저는 남편에게도 상담 내용을 이야기해 주고 태블릿 PC를 숨기기로 했어요. 비슷한 시간대에 출근 준비를 하던 남편과 저는 앞으로는 번갈아 가며 아침 준비를 하고, 아이와 놀아 주기로 했어요. 처음에는 태블릿 어디 갔냐고 묻던 아이가 곧 그 존재 자체를 까맣게 잊고 놀이에 여념이 없었어요. 일주일도 안 되어서 이런 패턴에 익숙해졌고, 한 달 정도가 지났을 때는 저희 부부도 '태블릿 PC가 없어도 되는구나' 하고 놀랐던 기억이 나요. **아이가 원했던 건 화려한 영상이 아니라 엄마, 아빠의 눈맞춤일지도 모르겠구나 하고 생각했지요.**

아이들은 생각보다 쉽게 바뀌는 존재예요. 더 재밌는 것을 제시하면 언제든지 좋아하는 것의 순위가 획획 바뀝니다. 아침엔 엄마가 좋았다가 저녁엔 아이스크림 사 오는 아빠가 더 좋을 수 있어요. 마찬가지로 미디어보다 더 재밌는 것을 경험하면 아이는 얼마든지 영상을 끄고 더 재미있는 것을 기꺼이 선택해요.

저희도 처음 어린이집 선생님의 조언을 들었을 때, '가능할까?' 하는 의구심이 있었어요. 갑자기 잘 보던 패드가 없어지면 오히려 문제가 커지진 않을까 걱정도 되었고요. 하지만 그건 기우였어요. 아이는 놀랍게도 잘 적응했고, 오히려 태블릿 PC의 존재 자체를 잊은 것 같았어요. 실제로 소아 정신과 전문의들도 미디어 습관을 바꾸거나 중독(의존증)을 개선하려면, 즉시 '박탈'하는 것도 한 방법이라고 말해요. 저도 아주 동의해요. 눈에 보이면 궁금하고 하고 싶고 그렇잖아요. 아직 자기 조절력이 충분히 발달하지 않은 아이들에게는 불필요하거나 유해하다고 생각하는 부분은 즉시 제거하여 안전한 환경을 만들어 주는 것이 좋습니다.

어린이집 선생님의 말씀을 새겨듣고 미디어 습관을 다시 점검한 건 두고두고 잘한 일이라고 생각해요. 단순히 태블릿 PC를 보지 않게 된 것이 아니라 양육에 중요한 원칙들을 다시 세울 수 있는 계기였거든요. 아이와의 직접적인 상호 작용이 중요함을 깨닫고 영상을 보모처럼 쓰던 환경을 완전히 바꾸었어요. 그 이후로도 외출할 때 스마트폰보다는 여러 가지 카드나 색칠하기 등을 챙겨 다녔고, 덕분에 자연스러운 학습 자극에도 도움이 됐어요.

아이가 40개월에 괌으로 가는 비행기를 탔을 때도 스마트폰이나 태블릿의 도움 없이 5시간을 무사히 보냈어요. 색칠놀이하고, 그림 그리고, 빙고하다 보니 금방 도착하더라고요.

스마트폰과 유튜브 때문에 아이와 전쟁 중이라면 지금 한번 생각해 보세요. 미디어를 어떤 목적으로 사용하고 있는지. 습관적으로, 아이가 졸라서, 내가 방해받지 않으려고 등의 이유라면 개선할 수는 없을지 꼭 생각해 보세요. 아이가 좋아하는 다른 놀이로 대체할 수는 없을지, 밖에서 무언가를 기다려야 할 때 5분, 10분 동안 할 수 있는 간단한 놀이나 활동에는 뭐가 있을지 말이에요. 아이가 원하는 것은 미디어가 아니라 놀이라는 것을 기억하면 해결책도 쉬워집니다.

어릴 때 '놀이'에 더 관심을 가져야 하는 이유는, 자칫하면 미디어가 모든 놀이를 잠식할 수 있기 때문이에요. 어릴 때 즐기는 놀이가 없으면 쉽게 영상이나 게임에 빠질 수 있어요. 우리나라의 특수한 상황이 그런 경향을 더 부추기는데, 높은 교육열과 스마트 기기 보급률 때문이기도 해요. 한글 떼기부터 영어 조기 교육 등을 돕기 위해 아주 어린 시기부터 디지털 기기를 이용합니다.

이럴수록 더더욱 미디어보다 놀이, 놀이보다 상호 작용 그 자체에 관심을 가져야 해요. 놀이는 특별한 것이 아니에요. '뇌 발달에 도움되는 놀이', '하루 5분 놀이법' 같은 주제의 책을 볼 필요가 없어요. 아이들이 자기가 좋아하는 것을 하고 거기에 엄마, 아빠가 반응해 주는 것만으로도 놀이로 충분해요. 그림 그리기를 좋아하는 아이라면 손바닥만 한 종이에 휴대용 색연필 세트만 있어도 좋은 놀이가 됩니다. 세계적인 그림책 작가 앤서니 브라운 Anthony Brown은 어린 시절 '그림 이어 그리기'를 가장 좋아했다고 해요. 엄마가 긴 동그라미 하나를 그리면 아이가 양쪽에 날개를 그려서 나비를 만드는 식으로, 서로 상상력을 더해 같이 작품을 만들어 가는 거예요.

아이마다 좋아하는 것이 다를 텐데요. 저희 애는 말놀이를 어릴 때부터 무척 좋아했어요. 끝말잇기, 초성 게임, 훈민정음, 단어 연상 퀴즈, 시장에 가면, 지하철 게임, 탱탱 프라이팬 놀이 등 할 수 있는 말놀이는 다한 것 같아요. 챙길 것은 크게 없으면서 언제든지 할 수 있고, 심지어 문해력까지 키울 수 있으니 저희에게 최고의 놀이였죠. 아이가 일곱 살이 넘어가면서는 이야기 짓기 놀이에 푹 빠졌어요. 5명의 캐릭터를 아이가 설정하고 그 친구들이 모험을 떠나는 이야기인데, 아이가 몇 문장을 말하면 제가 연이어 스토리를 만들어 가는 식이에요. 몇 년 하다 보니 심지어 지금 시즌 7을 만들고 있어요.

이렇게 아이가 좋아하는 놀이가 있으니 미디어 제한도 쉬워요. TV나 스마트폰 보지 말라고 하면서 대신 "○○ 하자"고 말할 거리가 있어야 해요. 이런 놀이는 많으면 많을수록 좋습니다. 저희 애는 "축구하자, 블럭 놀이하자, 체스하자, 보드게임하자"고 제안하면, 디지털 미디어로 영상보거나 게임하는 것보다 더 좋아해요. 차이는 딱 하나인 것 같아요. 엄마, 아빠랑 함께하면서 상호 작용할 수 있는가. 혼자 디지털 미디어 속에서 재미를 얻는 것보다 함께하는 기쁨이 훨씬 크다는 걸 알고 있으니까요.

부모는 AI보다 뛰어난
최첨단 미디어

저는 재직 중인 회사에서 2017년부터 AI 서비스를 만들기 시작했어요. 사람들이 AI에게 가장 많이 물어보는 날씨와 간단한 게임 서비스를 기획했고, 나중에는 AI로 아이들이 즐길 수 있는 다양한 서비스를 만들었어요. 2019년부터는 본격적으로 AI 키즈 서비스를 기획했어요. 대부분 서비스의 시작은 어떤 문제를 해결하기 위해서예요. 육아로 몸도 마음도 힘든 부모들에게 작은 도움이라도 주고 싶었어요. 저도 당시에 만 3세 아이를 키우랴 일하랴 고군분투 중이었기에 누구보다 키즈 서비스에 진심이었어요.

쉽지는 않았습니다. 대부분의 서비스는 실제 고객과 이용자가 일치하죠. 그런데 육아·교육 서비스는 선택은 부모가 하고 이용은 아이들이 하기 때문에 그들의 니즈needs가 서로 다른 것부터 어려웠어요. 부모들은 안전한 것, 교육적인 것을 원하고, 아이들은 오직 재미를 추구하니까요. 재밌으면서 교육적이고 또 매일 쓸 수 있는 것을, 당시에는 많이 불완전했던 AI 기술로 구현하는 것이 하루하루 난관이었어요.

그래도 굉장한 의미주의자(!)인 저는 즐거웠어요. 잘 만들면 AI로 육아와 교육 문제에 한 획을 그을 수 있을 것만 같았거든요. 대박을 터트리면, 이건 거의 '노벨 평화상' 감이라고 생각하며 일했어요. 오은영 박사님과 AI 육아 상담 서비스를 만들 때는 특히 그랬어요. 정신과 전문의로 30년 넘게 활동 중인 오 박사님의 저서를 AI가 학습하고, 문제 행동이나 육아 고민에 대해서 대답해 줄 수 있다면 이보다 더 도움이 되는 육아 서비스는 없을 거라고 생각하며 만들었어요. 조심스러운 부분이 많아서 시범 서비스만 출시하고 최종 상용화는 미뤄졌지만, 잊지 못할 경험이었지요.

제가 AI로 육아·교육 서비스를 만들 때 가장 염두에 둔 부분은 "상호 작용"이었어요. 부모가 아이에게 해 주는 것처럼 AI가 아이와 소통해 주면 좋겠다는 바람이 있었죠. 그런데 난관이 많았어요.

첫 번째는 아이들 발음이었어요. 부모는 아이들의 어눌한 발음과 특유의 상징에 익숙해져서 어떤 말이든 찰떡같이 알아듣지만, AI는 아니었거든요. AI는 발음이 분명하거나 음절 수가 많아야 잘 알아들어요. 여러 AI 회사들의 호출어만 봐도 그렇습니다. 기가지니, 클로바, 헤이카카오, 알렉사와 같이 3음절 이상이고, 거센소리 등을 포함해 음성 인식률을 높이고 있답니다.

소음과 목소리를 구분하는 것도 쉽지 않아요. 인식은 겨우 하지만 감정을 담아서 표현하는 것은 더 어렵고요. 상황에 맞게 부드럽고 따뜻한, 때론 까칠하고 냉철한 인간의 다양한 감정과 뉘앙스가 담겨 있는 목소리를 흉내 내기란 쉽지 않지요.

하지만 부모는 다릅니다. 척하면 알지요. 아이도 마찬가지고요. 저희 아이는 제 목소리 톤만 달라져도 저에게 무슨 일이 있냐고 물을 정도거든요. 알아들어야 반응을 해 주는데, AI와의 소통은 여기서부터 막힐 때가 많습니다. 그런데 부모는 엉뚱하고 뭉그러진 발음을 듣고도 아이가 원하는 반응을 기가 막히게 해 주죠. 심지어 아이처럼 혀 짧은 목소리로 "우쭈쭈 그래쪄, 내따랑" 하면서 아이의 눈높이에 맞춰 주기도 하고요.

두 번째 상호 작용의 난관은 요즘 나온 AI가 범용 인공 지능 AGI: Artificial General Intelligence이라는 점이에요. 대표적으로 챗GPT와 같은 모델을 생각하시면 됩니다. 예전에는 변호사 AI 따로, 의사 AI 따로 만들었어요. 전문성은 높지만 개별 모델 만드는

데 시간과 돈이 많이 들어가니까 챗GPT처럼 어떤 상황에서도 사용할 수 있는 천재적인 AI 하나를 만들기로 한 거예요(물론 이 녀석도 돈이 무지막지하게 들어가긴 합니다).

그런데 범용성을 지닌 AI는 세부 사항을 물어보면 답변 정확도가 떨어져요. AI는 학습의 데이터가 아주 중요해요. 좋은 데이터를 학습해야 반응도 잘 나옵니다. 부모는 내 아이만의 데이터를 학습했으니까 출력이 잘 나올 수밖에 없어요. 인공 지능의 성능을 결정하는 것 중 하나는 파라미터parameter예요. 100억 개 이상의 파라미터를 갖고 있으면 초거대 AI라고 통칭하는데, 챗GPT는 1,750억 개의 파라미터를 갖고 있다고 알려졌어요. 그런데 신기한 게 이 파라미터가 꼭 많으면 많을수록 성능이 좋은 것은 아니라고 합니다. 적정 규모 이상으로 커져야 하지만, 같은 파라미터를 갖고 있어도 성능이 다를 수 있다고 해요. 그것보다 더 중요한 건 최적화예요. 비유하자면 부모는 아이에게 최적화 기술을 가진 AI예요.

세 번째는 '이해'예요. 상호 작용을 잘하려면, 지식과 이해를 바탕으로 한 피드백이 있어야 해요. AI는 지식은 있지만 이해가 없어요. 시중에 나온 AI는 보편적인 답변은 아주 그럴 듯하게 잘 만들어 줘요. 하지만 구체적인 것을 물어볼수록 정확성이 떨어지거나, 실제 알맹이가 없는 내용을 말할 때가 많아요. 이것을 할루시네이션hallucination이라고 불러요. 잘못된 정보를 마치 사실처럼 그럴 듯하게 말하는 것이죠. 이 할루시네이션을 줄이는 것이 AI의 목표입니다.

　이런 현상이 나타날 수밖에 없는 것은 AI가 실제로 어떤 내용을 이해하여 답변하는 것이 아니라 확률을 기반으로 한 모델이기 때문이에요. 예를 들어서 AI와 대화를 할 때 "안녕?Hi"라고 인사하면, "잘 지냈어?How are you?", "만나서 반가워Nice to meet you" 같은 말이 나오죠. 이미 우리가 인사말로 그런 말을 하고 있기 때문이에요. AI가 우리의 안부를 정말 궁금해 하는 것이 아니라 데이터를 학습해 선택된 답변을 하는 것뿐이라는 거죠.

　AI 서비스를 만들면서 엄청나게 느낀 것 중 하나가 인간의 위대함입니다. 모든 아이는 천재라는 것, 모든 부모는 AI보다 훌륭한 상호 작용을 해 줄 유일한 존재라는 것 말이에요. 뛰어난 AI가 많이 나오고 있고 앞으로 더 똑똑해지겠지만 부모의 상호 작용을 따라가기에는 아직 역부족인 것은 분명합니다. **따스하고 포근한 목소리로 "그랬구나, 우리 아기", "내 사랑", "엄마, 아빠의 보물"이라고 말해 주며 아이를 꼬옥 안아 줄 사람은 부모밖에 없습니다. 최첨단 미디어, 인간을 능가하는 AI가 나와도 아이에게 부모를 뛰어넘는 존재는 없다고 확신합니다.**

국어 문제집 푼다고
문해력이 길러질까요?

 '미디어 리터러시'를 알아보기 전에 먼저 '리터러시'에 대해서 알아볼게요. **리터러시**Literacy**는 우리말로 '문해력'으로 번역이 되는데, 문자화된 정보나 지식을 ① 읽고 ② 이해하는 능력을 말합니다.** 코로나로 대면 교육 기회가 줄고 디지털 기기 사용이 늘면서 아이들의 문해력 저하 문제가 크게 관심을 받기 시작했지요. 우리나라 아이들의 문해력이 떨어지고 있다는 뉴스는 자주 나오는데요. '사흘'을 4일로, '금일今日'을 금요일로, '고지식'을 높은 지식으로 잘못 이해하는 웃지 못할 사례가 화제가 되기도 했습니다.

 그런데 이것은 일부의 이야기가 아닙니다. 경제협력개발기구

OECD의 국제 학업 성취도 평가PISA에서도 한국 학생들은 복합적인 텍스트 읽기에 어려움을 겪는 것으로 나타났어요. 필요한 정보를 찾을 수 있을 정도로 문장의 의미를 이해하는지 나타내는 지표에서 정답률이 절반이 채 되지 않았어요. 읽기 점수가 10년 전과 비교해 약 20점 떨어진 것으로 나오기도 했고요.

문해력에 대한 관심은 대학 입시에서 중요한 잣대가 되면서 더 커지는 측면도 있어요. 최상위권은 국어 성적이 가른다는 이야기가 팽배하면서 수능 국어 성적을 올리려면 문해력이 중요하다는 인식이 자리 잡기 시작했어요. 실제로 2024학년도 수능에서도 국어와 영어 등 언어 영역은 난도가 많이 상승해 단 한 명의 만점자가 나온 불수능의 면모를 보이기도 했고요. 제 주변에 과학고나 의대에 다니는 자녀를 둔 선배들이 꽤 있는데, 그분들도 입을 모아 "어렸을 때 책을 읽히라"고 하시더군요. 수학, 과학은 하면 되는데, 국어는 어릴 때 하지 않으면 안 된다고 말이죠. 물론 수학, 과학 문제도 문해력이 바탕이 되어야 풀 수 있다는 건 말할 것도 없고요.

여러모로 교육의 키워드가 된 '문해력'이지만 그 능력을 키우는 접근 방식은 다소 이상해요. 글을 이해한다는 것은 단순히 개별 단어의 뜻만 안다고 해결되는 문제가 아니잖아요. 단어<문장<문단 등 문맥을 헤아려야 하지요. 그런데 대부분 제목에 '문해력'이 붙은 책이나 교재는 어휘를 익히는 것에 집중되어 있습니다.

'어휘가 문해력이다'와 같은, 단어를 알려 주는 국어 문제집이 각 출판사에서 나오고 있고 '초등 어휘 일력'과 같이 하루에 하나씩 영단어 외우듯 우리말 어휘를 알려 주는 달력 형태의 문제집도 연초 또는 새학기에 불타나게 팔리고 있어요. 뿐만 아니라 속담, 사자성어, 관용구만 따로 모아 알려 주는 교재와 책이 초등 베스트셀러에 오르고 있지요. 우리말의 70퍼센트 정도가 한자어이기 때문에 한자에 대한 관심도 치솟고 있어요. 정규 교육 과정에서는 중학교 1학년이 되어야 한자를 과목으로 배우지만, 대부분 초등학교 1학년이 되면 한자 학습지나 문제집을 풀기 시작하고 8급 한자 급수 시험에 도전합니다. 이렇게 우리말 어휘를 많이 공부하고 국어 문제집을 많이 푼 세대가 있을까 할 정도예요.

굳이 구분하자면, 사교육 시장에서는 어휘와 문해 교육 중 어휘만 활개를 치고 있는 모양새입니다. **문해력을 기르는 가장 좋은 방법은 책을 많이 읽고 대화를 많이 나눠 그 어휘가 사용되는 맥락을 정확하게 아는 것입니다.** 하지만 독서는 시간을 많이 뺏는 활동이라 생각하고 그 효과도 수치로 알기 어려우니, 단어장이나 문제집으로 눈을 돌린다고 생각해요. '문해력 문제집'을 풀고 나면 어느 정도 점수는 나오니까요. 이렇게 해서 수능 국어는 잘 칠 수 있을지 모르겠습니다. 적어도 10년 넘게 국어 문제집을 푸는 셈이니까 문제 푸는 '기술'이 늘 수는 있겠지요. 그런데 확실히 책과 글을 싫어하게 되는 구조임에는 분명한 것 같아요. 우리가 영어를 늘 단어 공부하고 문제를 풀다 보니 시험은 어떻게든 치는데, 진짜 영어와는 영영 담을 쌓게 되는 것처럼 말이에요. 그렇게 많은 영어 문제집을 풀었지만 일상에서는 영어 원서 한 권을 읽지 않는 것도 그 방증이죠.

저도 아이가 1학년 때 한 학기 정도 한자 어휘 문제집을 풀게 했어요. 유명 교육 인플루언서가 "우리 아이도 이걸로 시작했어요"라거나 "남자아이들에겐 특히나 중요합니다"라고 홍보하니, 안 할 수가 없더라고요.

시작은 불안함 때문이었던 것 같아요. 아이를 사립 초등학교에 보내려다 추첨에서 떨어졌는데, 대부분의 사립초에서는 1학년 때 한자 8급 시험을 보거든요. 많은 엄마들이 아이의 성취감을 이유로 시험을 보게 하기도 하고요. 그런데 서너 권을 풀다가 아이가 너무 재미가 없다고 해요. 한 권만 더 풀어 보자고 몇 번 권유하다가 결국은 그만뒀어요. 돌아보니 잘한 일이라고 생각해요. 책 읽기도 좋아하고, 독서 습관도 잘 잡힌 아이인데, 한자 문제집, 국어 문제집 풀다가 오히려 잘 쌓아 온 흥미를 잃을 뻔했으니까요.

학년이 올라가면 갈수록 문제집의 유혹이 커집니다. 3학년이 되면 사회, 과학, 영어 과목을 본격적으로 배우기 시작하는데, 어휘를 알아야 교과 공부가 쉬워진다고 어휘 문제집이 또 봇물을 이룹니다. 뭔가 이걸 추가하지 않으면 뒤처지는 것 같고, 그러다 보니 아이들이 학원에서 집에서 풀어야 하는 문제집만 늘어 갑니다. 이렇게 문제 푸느라 시간을 뺏기니 책 읽을 시간은 더더욱 줄어들고요.

2년에 한 번씩 발표되는 '국민 독서 실태 조사'를 보면, 1년에 책을 한 권도 읽지 않는 비중이 52퍼센트로 절반이 넘어요. 우리나라 국민들이 어휘력이 부족해서 책을 읽지 않는 것은 아닐 거예요. 초중고교 학생들이 말한 독서의 장애 요인은 △ 스마트폰, 텔레비전, 인터넷, 게임 등을 이용해서가 가장 많았고, △ 교과 공부 때문에 책 읽을 시간이 없어서 △ 책 읽는 습관이 들지 않아서 등이 그다음 순으로 나타났어요. 역으로 생각하면 유튜브 볼 시간 줄이고, 어휘 문제집 좀 덜 풀리면 평생의 자산인 책 읽기 습관, 기를 수 있다는 이야기입니다.

저희 아이는 국어 문제집을 푸는 대신, 2학년 때 『전천당』을 열심히 읽었어요. 한 권이 150쪽 정도 되는, 20권짜리 시리즈예요. 며칠 만에 전권을 읽고 나서 읽고 또 읽었어요. 책을 읽으면서 모르는 단어를 종종 물어봅니다. "엄마, '누락'이 뭐야?", "엄마, '미어지다'는 무슨 뜻이야?" 그러면 제가 "책 어떤 부분에서 나왔어?"라고 물어보고 나서 맥락을 한번 생각한 다음에 뜻을 쉽게 이야기해 줘요. "'누락'은 빠뜨렸다는 뜻이고, '미어지다'는 다람쥐가 볼이 빵빵하게 입에 도토리를 모으는 것처럼, 가득 차서 터질 것 같은 걸 말해" 이렇게요.

　한번 물어보고 스윽 지나가니 문제집 채점하듯 몇 점짜리 문해력이라고 대답할 수는 없어요. 하지만 이렇게 수십, 수백 권의 책을 읽으면서 매일 뭔가를 하나씩 물어봐요. 그러면 저는 너무 신이 나요. 스스로 책 읽지, 스스로 궁금한 거 찾아 물어보지, 이보다 기특한 게 어디 있을까 싶거든요. "어느 부분에서 나왔어?"라고 제가 물어볼 때 아이가 신나서 스토리를 이야기해 주면 저절로 독후 활동도 되고요.

　문해력이 완성되려면 '이해'가 핵심이에요. 어휘를 잘 아는 것은 그중 일부에 해당해요. 기본적인 뜻을 아는 것도 중요합니다. 단어가 해결되지 않으면 문장, 문단, 글로 확장하기가 어려우니까요. 하지만 단어장에만 매달리는 것은 좋은 방법은 아니라고 생각해요. 뇌 과학자들도 가장 효과적인 문해력 향상 방법으로 단연 '독서'를 꼽습니다. 단편적인 정의를 넘어서 글에서 단어와 문장이 쓰인 의미를 자연스럽게 읽어 낼 수 있기 때문이죠. 뇌의 읽기 능력은 쓰면 쓸수록 좋아져요. 마치 구불구불한 오솔길로 돌아가다가 고속도로를 만나면 훨씬 빠르게 목적지에 도착하는 것과 같은 효과지요.

　문해력이 중요한 이유는 말과 글에는 '생각과 감정'이 담겨 있기 때문이에요. '그의 이마엔 깊게 패인 흉터가 있었다'라는 문장을 읽으면, '왜 저 흉터가 생겼을까? 많이 아팠겠다. 누가 그랬을까?'와 같은 질문이 따라오는 게 당연합니다. 이 문장을 읽고 아무런 의문이 일지 않았다면 문해력을 의심해 보아야 합니다.

단 여섯 단어로만 이루어진 헤밍웨이의 초단편 소설이 있습니다.

'For Sale: baby shoes, never worn(한 번도 사용한 적이 없는 아기 신발을 팝니다).'

이 글을 읽는 순간, 가슴이 찡해지지 않는다면, 역시나 문해력을 의심해 보아야 합니다. 왜 이 글 속의 아기 신발이 새 것인지 문해력이 발달하면 단번에 추론할 수 있기 때문이죠.

문자를 쓰고 말로 자신의 생각을 표현하는 것은 인간만의 영역이에요. 내 생각과 감정을 표현할 줄 알고, 다른 사람의 이야기를 이해하고 존중할 줄 알아야 함께 살 수 있지요. 리터러시는 단지 언어를 읽고 쓰는 능력에서 나아가 인간으로서 함께 살아가는 능력 그 자체라고 생각해요. 그러니 우리도 문해력 교육을 어휘를 더 많이 외우게 하는 문자 중심 교육에서 벗어나 글이 담고 있는 전체 내용을 이해하고 느낄 수 있는 보다 넓은 의미로 확장하면 좋겠습니다. 저는 정말로 10세 이하의 어린이들이 지금처럼 국어 문제집을 많이 풀지 않았으면 좋겠습니다. 문제집에서는 생각과 감정을 느낄 수가 없잖아요.

미디어 문해력,
딱 두 가지만 기억하세요

미디어 리터러시에서 꼭 말씀드리고 싶은 것은 두 가지예요.

첫째, 미디어 리터러시는 접근·분석·평가·창조 능력을 모두 갖추는 것을 말한다.

둘째, 미디어는 구성된 것이다.

아래 내용을 읽고 아이들과도 꼭 같이 이야기해 보시길 바랍니다.

미디어 리터러시란, 미디어를 잘 이해하고 활용하는 것입니다. 보다 구체적으로 말하면, 다양한 형태의 미디어와 콘텐츠에 접근해서 스스로 분석하고 평가한 것을 바탕으로 새로운 메시지를 만들어 낼 수 있는 것을 말합니다. 요약하자면 미디어에 대한 ① 접근 ② 분석 ③ 평가 ④ 창조 능력을 일컫습니다. 접근 능력은 디지털 환경 속에서 살아가는 아이들에게 당연하게 주어지는 능력 중하나예요. 그렇기 때문에 더 중요한 것은 미디어와 콘텐츠를 분석하고 평가하여 받아들이고, 그것을 바탕으로 나만의 콘텐츠를 만들어 낼 수 있느냐는 점이에요.

분석 능력은 먼저 문해력을 필요로 해요. 미디어에서 다루는 텍스트에 대한 일차적 이해가 있어야 해요. 한글 단어뿐만 아니라 속담, 관용구, 외래어, 신조어 등에 대해서 알아야겠지요. 그다음은 미디어 문법에 대한 이해입니다. 영상은 영상의 편집 방식, 자막, 배경 음악, 효과음 등 다양한 제작 기법을 언어로 사용해요. 아주 신나는 배경음악이 나오고 있는데 내용은 반어적으로 만들었을 수 있잖아요. 이런 것들을 우리 아이들은 정확하게 분석할수 있을까요? 미디어 리터러시의 권위자인 소니아 리빙스턴 런던 정경대 미디어 커뮤니케이션학과 교수는 이 분석 능력을 'skill to decode'라고 표현했어요. 암호처럼 구성된 미디어 텍스트를 '해독'하는 것이 분석 능력이라는 것이죠. 주어진 의미뿐만 아니라 이면의 뜻까지 알아차릴 수 있어야 한다는 겁니다.

평가 능력은 그 콘텐츠나 미디어의 가치나 수준을 평가할 수 있는 비판적 사고를 말해요. 미디어 리터러시를 한마디로 말하면

'비판적 사고critical thinking'라고 할 수 있어요. 평가 능력을 기르려면 콘텐츠가 생산되는 체계에 대한 이해가 있어야 해요. 누가, 어디서, 어떻게 만드는 콘텐츠이며, 어떻게 유통되어 전달되는지 알고 있어야 해요. 기사를 본다면, 기자는 어떤 직업인지, 뉴스는 어떻게 생산되는지에 대한 이해가 있어야겠지요. 마찬가지로 유튜브를 본다면, 해당 채널은 누가 어떤 목적을 갖고 제공하는 것인지, 다루는 내용은 사실에 근거하고 있는지 등을 살펴보아야 하고요. 이렇듯 미디어 리터러시를 기르려면 미디어 환경에 대한 지식도 있어야 하고, 콘텐츠가 담고 있는 내용에 대한 객관적인 시각도 필요해요. 아이들이 자란다고 저절로 알게 되는 것이 아니죠. 어릴 때부터 미디어 교육과 더불어 대화 등을 통해 끊임없이 배우고 익혀야 하는 고도의 역량입니다.

10세 이하 아이들에게 미디어 리터러시 교육이 필요한 이유는, 아이들은 아직 평가가 익숙하지 않기 때문이에요. 객관적인 사실에 근거한 판단보다 '감정'을 중심으로 콘텐츠를 바라보죠. 재미있으면 좋은 것, 익숙하면 좋은 것으로 생각해 자신에게 적절하지 않은 콘텐츠도 무비판적으로 받아들일 수 있어요. 수많은 연구에서 5세 이하의 아이들이 미디어를 시청할 때 부모가 같이 보거나 대화를 하라고 하는 것도 이러한 이유 때문입니다.

마지막으로 **창조 능력이란** 의미 있는 콘텐츠를 생산하는 것을 말합니다. 디지털 미디어 환경이 구축되고 나서 가장 주목받는 능력 중 하나이지요. 콘텐츠 생산자가 일부 언론이나 전문가에게 한정되었던 시대를 지나 이제 누구나 유튜브 계정을 운영할 수 있는 시대가 되었어요. 콘텐츠를 소비만 하지 않고 생산하려는 사람이 많아졌지요. 이런 사람들을 '프로슈머prosumer' 또는 '생비자'라고 불러요. 미디어를 능동적으로 이용할 수 있게 된다는 점에서 아주 환영할 일이라고 생각해요.

다만 재미나 조회 수만 쫓으려고 하면 안 된다는 거예요. 비판적인 사고가 없는 창조는 위험한 결과를 불러올 수 있기 때문이죠. 2023 어린이 미디어 이용 조사를 보면, 만 3~9세 어린이들 중 약 20퍼센트는 온라인 동영상 콘텐츠를 제작해 본 적이 있다고 답했는데, 이 중 동영상을 혼자 또는 친구와 제작했다는 대답이 40퍼센트 가량을 차지했어요. 아직 어린이들은 동영상 플랫폼 또는 SNS의 가입 자체가 안 되는 연령이기도 하고, 비판적 사고가 성숙하기 전이기 때문에 부모의 적절한 지도와 논의가 꼭 필요해요.

마지막으로 미디어는 '구성된 것'이라는 것을 알아야 해요. 사실 그대로를 보여 주는 것이 아니라 특정한 관점을 가지고 '재현' 하고 있다는 것을 알아차리는 것이죠. 사실을 보도하는 뉴스도, 나의 가장 내밀한 이야기를 적는 일기도 모두 재현이에요. 어떤 경험이든 기록은 취사 선택되어 나타나요. 미디어에서 제공되는 것은 사실이라기보다는 '의견'에 가깝다는 것을 아는 것이 중요해요. 이것이 비판적인 사고의 시작이기도 하죠.

이 콘텐츠에는 "어떤 내용이 '포함'되고 무엇이 '배제'되었는가?", "누구의 목소리를 '대변'하고 있고, 누가 '침묵'하고 있는가?", "특정 집단을 어떻게 묘사하고 있는가?" 등의 질문을 해 볼 수 있습니다. 부모가 콘텐츠와 미디어를 고르면서 충분히 던져 볼 수 있는 질문입니다. SNS 인플루언서가 추천하고, 옆집 엄마가 효과를 본 거라고 해서 무턱대고 믿지는 마세요. 부모님도 아이가 볼 영상이나 책을 고를 때 '미디어 리터러시'를 발휘해 좋은 콘텐츠를 권해 주셨으면 좋겠습니다. 콘텐츠 하나가 아이에게 미치는 영향이 아주 크기 때문이죠.

저는 아이가 태어나서부터 지금까지 책을 읽어 주고 있고, 덕분에 아이는 책 읽기 습관이 잘 잡혔어요. 책 육아에서 부모의 역할은 재미있는 책을 아이에게 끊임없이 제공하는 거예요. 책 선택에서 보통은 아이의 수준보다 조금 높은, 아니 훨씬 높은 수준의 책을 선호하죠. 아이가 읽는 책이 아이의 수준을 말해 준다고 생각하니까요. 아직 유치원생인데 초등 고학년이 읽는 책을 자랑삼는 분들도 많습니다. 저도 그랬거든요. 아이가 7살 때 『13층 나무집』 시리즈를 읽었어요. 그림이 많긴 하지만 300쪽 정도의 긴 호흡을 읽어 내는 게 신기하기도 했고, 10여 권이 넘는 분량을 척척 읽어 내니 참 기특했지요. 그런데 이 책을 어릴 때 읽는 것이 좋기만 할까요? "닥쳐shut up"라는 말이 매 페이지마다 나오는데 읽어도 괜찮을까요? 7세 아이는 닥쳐가 "조용히 해"라는 뜻이란 건 알고 있었지만, 그게 나쁜 뜻을 포함하고 있다는 것까지는 알지 못했어요.

매번 의심의 눈초리를 가지고 보라는 것은 아니지만, 아이에게 보여 줄 콘텐츠를 고를 때는 꼭 한번 생각해 보아야 해요. 특히 아이들이 보는 대부분의 영상은 단편이 아니라 '시리즈'입니다. 저희 아이가 5세부터 지금까지도 좋아하는 「페파피그Pepa pig」 같은 영상은 현재 시즌 9까지 나왔는데요, 시즌당 에피소드가 50~60개 정도입니다. 전체 에피소드가 500여 개나 되지요. 이걸 무진장 반복해서 봤습니다. 만약 이 콘텐츠가 가진 세계관에 특정 집단에 대한 비하나 편견이 있다면, 아이는 그것을 그대로 받아들일 수밖에 없겠지요.

아이에게 영상을 보여 주기 전에, 유튜브에 접속하기 전에, 스마트폰을 사 주기 전에, 게임을 시켜 주기 전에 꼭 이야기해 보았으면 해요. 미디어가 구성된 것, 편집된 것이라는 것만 알아차려도 미디어와의 객관적인 거리 두기가 가능해집니다. 지나친 몰입, 몰두가 많은 미디어 문제와 의존증을 만들어 낸다는 걸 보면 한걸음 물러서기만 해도 절반은 성공입니다.

미디어 자기 조절력 기르는
5가지 방법

첫째, 더 보고 싶어 하는 아이의 의견을 수용해 줍니다.

다짐하고 또 다짐해도 콘텐츠는 보면 볼수록 더 보고 싶어집니다. 아이도 리모컨을 꾸욱 눌러 전원 버튼을 누르고 싶은데, 맘처럼 쉽게 되지 않아요. 과학 법칙이자 마음의 법칙이기도 한 '관성'을 이기기란 쉽지 않습니다. 어른인 우리도 쉽지 않은 걸 알면서 아이가 전원 버튼을 누르지 않으면 그렇게 화가 납니다. 약속해 놓고도 매번 어기는 아이가 거짓말쟁이처럼 느껴지기도 하고요. 하지만 자기 조절이 체화되는 것은 수백, 수천 번의 경험이 쌓여야 가능하고, 그 약속을 잘 지켰을 때의 분명한 효용이 있어야 해요.

재밌는 동영상을 끄는 것이 어려운 것이란 걸 부모도 공감하고 잘 지켰을 때 칭찬을 듬뿍 해 준다면, 아이는 어렵지만 해 봐야겠다는 동기가 생겨요.

미디어 자기 조절력을 기르는 방법 중 하나는 아이가 더 보고 싶다고 할 때 조금은 더 보도록 허용해 주는 것입니다. 그러면 아이는 부모가 약속을 못 지켰다고 혼내는 것이 아니라 더 보고 싶은 자신의 마음을 알아주었다고 생각하고, 다음번에는 떼쓰지 않고 끌 수 있습니다. 예를 들어 30분간 TV를 보겠다고 약속했고 약속 시간이 되어서 더 보고 싶다고 한다면, "도윤아! 오늘 TV가 많이 재밌었나 보네. 그런데 약속한 시간은 벌써 지났는데? 그럼 이번에 딱 10분만 더 볼까?" 또는 "5분짜리 2편만 더 보고 끄자"라고 이야기하고 아이가 좋다고 하면 10분 정도 더 보고 끌 수 있도록 합니다.

처음 동영상 시청 규칙을 정할 때 추가로 보여 줄 수 있는 부분을 감안하여 조금 타이트하게 시간 설정을 하면 됩니다. 예를 들어 5세 아이에게 하루에 총 1시간의 동영상을 보여 주기로 마음먹었다면, 아이와 등교 준비가 다 되고 20분(+10분), 저녁 먹기 전 20분(+10분)으로 정하면 됩니다. 아이와의 약속은 40분, 부모 마음속의 추가 시간은 20분 정도로 정해 놓으면 아이 입장에서는 본인의 의사가 관철되어서 좋고, 부모에게도 마음의 여유가 생깁니다. 보통은 아이가 약속을 안 지키고 떼를 쓰면 부모도 종종 그 떼를 견디기 어렵고 매번 같은 일로 싸우느라 지치기도 하는데, 이렇게 범퍼가 될 시간을 마련해 두면 갈등을 줄일 수 있습니다. 이 추가 시간은 전체 시청 시간의 20~30퍼센트 정도면 충분하고, 하루에 봐야 하는 시청 시간(만 2~5세 1시간 이내, 만 6세 이상 2시간 이내)을 준수하여 설정하면 됩니다.

아이가 어릴 때 부모님들이 하는 실수(?) 중 하나가 약속에 연연하는 것입니다. 아이들의 약속은 깨지라고 있는 것이라고 해도 과언이 아니에요. 아이들은 엄청난 갈대이고, 정말로 약속을 까맣게 잊을 때도 많아요. 뇌 발달상으로도 하루에 있었던 일을 순서대로, 상세하게 기억하는 것이 어려운 일이기도 하고요. 부모가 해 줄 일은 약속이 지키기 어렵다는 그 마음을 알아주고, 그 약속을 잘 지킬 수 있도록 상기시켜 돕는 일입니다.

어린이 서비스를 만들다 보면 심리 전문가들의 감수나 검토를 받는 일도 자주 있는데요. 한번은 심리 상담사 분을 만나 요즘 아이들이 상담소에 자주 찾아오는 이유를 물으니, 미디어로 인한 갈등과 그로 인한 발달 지연에 대한 고민이 최근에 많이 늘었다고 말씀해 주시더군요. 그러더니 어린애들에게 자꾸 "약속했어, 안 했어? 빨리 안 꺼?" 이런 걸로 협박하거나 혼내지 말고 조금만 부모가 여유를 가지면 좋겠다면서 이 방법을 알려 주셨습니다. 저도 그날부로 바로 써먹기 시작했고, 정말로 효과를 많이 봤어요.

약속을 안 지키면 큰일 날 것처럼 행동하던 엄마였는데 어느새 세상 쿨해져서 아이가 조금 더 보겠다고 하면 "응 그래~ 공룡 탐험대 한 편만 더 보고 끄자" 이렇게 말해 주면 아이도 "엄마 고마워"라고 말하고 5분이 지나면 리모컨으로 영상을 껐어요. 대부분은 이렇게 하면 바로 전원 버튼을 스스로 눌렀지만 어떤 날은 조금만 더 보고 싶다고 한 날도 있었지요. 두 번째로 요청했을 때는 바로 끄라고 한 적이 대부분이지만 어떤 날은 더 보고 싶은 이유를 물어 더 보게 한 적도 있었어요. 여기서 중요한 점은 자기 조절이에요. 시켜서 되는 게 아니에요. 말 그대로 스스로 조절할 수 있도록 부모가 믿고 지지해 줘야 해요. 그 마음을 알아주면 아이도 앞으로 더 잘할 수 있게 됩니다.

둘째, 시간을 확인할 수 있는 도구를 활용합니다.

10세 미만의 아이들은 아직 시간에 대한 구체적인 개념이 잡히기 전이에요. 동영상 시청 규칙을 정할 때도 '저녁 6시 30분에 보기' 식의 약속보다는 '저녁밥 먹고 나서 핑크퐁 생활 습관송 3편 보기'와 같은 약속이 아이에게 더 와 닿아요. 시간별로 약속을 한다면, 시간을 시각화할 수 있는 도구를 활용하는 것이 좋아요. ①**가장 대표적인 것이 타임 타이머입니다.** 시간을 넓이로 표현해,

시간이 줄어드는 것을 한눈에 보여 줘요. 구글Google에서 생산성 향상을 위해 많이 사용한다고 해서 '구글 타이머'라고도 불려요. 시간이 지날 때마다 색깔이 칠해진 면적이 점점 줄어들어요. 공부할 때 집중력 향상용으로도 많이 사용하는 제품이죠. 시간이 시각화돼서 시간의 흐름을 직관적으로 알 수 있어요. 아이가 타이머로 약속하는 습관이 확실하게 들면, 스스로 TV 시청할 때 딱! 맞춰 놓고 종료되면 전원 버튼을 딱! 누르는 신세계를 경험할 수 있습니다.

②**두 번째는 AI 스피커나 TV, 스마트폰에서 타이머를 설정하는 방법입니다.** 요즘은 대부분 디지털 기기에 AI 스피커가 내장되어 있고, 타이머 기능을 기본으로 제공합니다. 예를 들어 "AI야, 20분 타이머 해 줘"라고 말하면 정해진 시간에 알람이 울립니다. 이렇게 말로 타이머를 설정하면 아이와 부모 간의 약속을 다시금 확인할 수 있어서 이중의 효과가 있어요. IPTV 또는 유튜브 앱에서 동영상을 시청한다면 대부분 '설정 > 시청 설정'에 들어가면 편수 제한과 시간 제한이 있어서 조금 더 쉽게 미디어 제어를 할 수 있어요. 일부 영상 플랫폼에서는 마지막 영상 재생 전에 캐릭터가 나와서 "이제 마지막 영상이야"라고 미리 알려 주기도 해요.

③**종이 쿠폰을 발행하는 것도 한 가지 방법입니다.** 시간을 시각화하는 것이 중요하다고 말씀드렸는데, 다소 고전적인 방법이

지만 쿠폰을 사용하는 것도 한 방법입니다. 예를 들어 하루 1시간씩 보는 것이 가정 내 규칙이라고 하면 30분짜리 쿠폰을 14장 만들어서 일주일 동안 사용할 수 있게 해 주고, 영상을 보고 싶을 때마다 하나씩 쓰도록 합니다. 우리가 지갑에 현금을 넣고 다니면 아껴 쓰거나 그 소중함을 아는데, 신용 카드를 쓰면서 '텅장'을 피할 수 없게 된 것과 마찬가지예요. 아이들도 쿠폰을 사용하게 되면 영상 시청 시간이 무한하지 않다는 것을 알게 되고 스스로 조절해야겠다는 생각을 하게 돼요.

셋째, 자기 조절에 성공하면 폭풍 칭찬을 해 줍니다.

아이들 입장에서 재미있는 콘텐츠를 보다가 끄는 것은 정말 쉽지 않은 일입니다. 그런데 그걸 스스로 멈추었다는 것은 참 대단한 일이에요. 스스로 어려움을 견디고 해낸 일에 대해서 듬뿍 칭찬해 주셨으면 합니다. 보통은 TV를 재밌게 보다가 끄는 것을 두고 갈등이 증폭됩니다. 아이는 더 보고 싶다고 떼쓰고 부모는 왜 약속을 안 지키냐고 화를 내요. 항상 끝이 좋지 않지요. 여러분, 공부 정서라는 말 들어 보셨죠? 공부가 해 볼 만하다, 만만하다는 생각이 들어야 또 하고 싶고, 해 봐야지 하는 태도가 생긴다고 합니다. **마찬가지로 '미디어 정서'도 중요하다고 생각해요. 미디어에 대한 긍정적인 기억과 경험이 많아야, 내가 미디어 시청이나 활용**

을 스스로 조절할 수 있다는 자신감이 생깁니다.

이때 부모가 도와줄 것은 아이를 통제하려고 하는 것이 아니라 스스로 조절할 수 있는 환경을 마련해 주고, 자기 조절에 성공하면 아낌없는 칭찬과 격려를 해 주는 것입니다. 4세 무렵부터 조절 능력이 나타나기 시작하고 7세쯤 되면 욕구를 통제하고 감정 조절하는 기초 능력은 완성됩니다. 이 시기에 잠깐 멈출 수 있는 힘을 기를 수 있도록 해 주시고, 5~10초라도 자신의 충동이나 분노를 조절하면 잘했다고 꼭 말해 주세요. 이런 경험이 쌓이고 내 행동의 결과를 생각하는 힘이 생기면, 앞으로도 바른 선택을 하게 됩니다.

약속한 것을 지키는 것을 당연하다고 생각하는 부모님들도 많은 것 같아요. TV를 보고 끌 때마다 칭찬해 주는 것이 과하다고 생각하기도 할 것 같고요. 하지만 내적 동기를 가지고 자기 스스로를 조절하는 능력은 아주 높은 단계의, 고도의 정신 활동입니다. 아이들에게 정말 어려운 일이라는 것을 알아주시고, 노력의 과정을 칭찬해 주어야 합니다. 처음부터 자기 조절을 잘할 수는 없어요. "더 보고 싶었을 텐데도 바로 껐네", "오늘은 끄기 조금 어려웠지만 내일은 더 잘할 거야" 말해 주며 격려해 주어야 아이들이 포기하지 않고 다음번에는 전원 버튼을 꾹 누를 수 있게 됩니다. "그만해", "꺼" 같은 말을 반복하기는 쉽습니다. 그러나 "우리

도윤이가 정말 잘 끄네!"와 같은 칭찬 한마디가 다음에도 약속을 지킬 수 있는 원동력이 됩니다. 아이들은 누구나 잘하고 싶어 합니다. 그런 마음을 알아주고 작은 칭찬으로 행동을 지속하도록 이끌어 주세요.

넷째, 다른 감각을 깨워 콘텐츠에서 빠져나오게 합니다.

영상 시청을 하는 동안 사고를 담당하는 전두엽은 거의 일을 하지 않습니다. 대신 시각을 담당하는 후두엽만 활성화되지요. 현재까지 밝혀진 바로는 뇌는 두 가지 이상의 일을 함께하는 멀티태스킹multi-tasking이 불가능합니다. 여러 가지 일을 잘하는 것처럼 보이는 사람도 알고 보면 뇌가 끊임없이 전환되며 로딩되는 것으로 알려졌어요. 그만큼 뇌는 한 가지 일에 충실한 편이라, 영상을 계속 보다 보면 다른 일은 하기 싫어집니다. 뇌는 극도의 효율을 추구하는 기관이기 때문에 하던 것을 계속 하려고 하지, 힘들게 다른 일을 하려고 하지 않아요. 다른 감각이 자극되어 이제 그만하라는 신호가 오면 그때서야 어떻게 할지 '판단'을 합니다.

보통 부모들이 영상이 끝날 때쯤 "이제 그만 꺼"라고 멀리서 이야기할 때가 많은데, 화려한 영상에 두 눈을 뺏긴 아이들에게 부모님의 말소리는 들리지 않습니다. 여러 번 말해도 그렇습니다. 몇 번이나 말해도 왜 안 끄냐며 잔소리가 시작되고 이렇게 또 싸

움으로 끝나 버립니다. 제가 정말 많이 해 봐서 알아요. 특히 남자 아이들은 시각보다 청각이 약하기 때문에 더더욱 말을 안 듣는 것처럼 느껴지기도 하지요. **그럴 때 좋은 방법은 아이 곁으로 가서 머리를 쓰다듬거나 어깨 등을 주무르는 거예요. 신체의 다른 감각을 일깨워서 콘텐츠에서 나올 시간이라는 것을 알려 주는 것이죠.** 그러면 아이들은 그제서야 정신을 차리고 '아! 벌써 끝날 시간이구나' 하고 '생각'을 하게 됩니다. 영상 시청 중에는 뇌가 영상을 보는 데에만 골몰해 있기 때문에 아이 가까이로 가서 손을 잡고 눈을 마주치며 이제 그만 보자고 말해 주는 것이 유용한 방법입니다.

다섯째, 영상 시청 후 콘텐츠에 대해 이야기를 나눠 주세요.

적극적인 미디어 중재의 대표적 방법 중 하나는 영상을 보면서 콘텐츠에 대한 이야기를 나누는 것입니다. 영상을 보면서 또는 보고 나서 콘텐츠에 대해서 이야기를 나누었느냐 아니냐는 아이의 발달에 상당한 영향을 미칩니다. 아이들은 아직 현실 경험이 풍부하지 않고 비판적 사고가 발달하지 않았기 때문에 미디어에서 제공하는 내용을 곧이곧대로 받아들입니다. 현실과 상상도 구분이 어렵고요. 그렇기 때문에 어릴수록 부모와 함께 영상을 보면서 혹시 이해가 어렵거나 오해할 만한 사항에 대해서 이야기를 해 주는 것이 좋습니다.

저는 어릴 때 한동안 강시 공포에 사로잡혀 있었어요. 강시는 요즘 말로 하면 동양의 좀비 같은 존재인데, 시체가 콩콩거리며 뛰어다니는 게 너무 무서웠어요. 대부분이 15세 이상 시청 가였고 연소자 관람 불가도 꽤 있었지만, 1990년대 당시에 강시 비디오가 유행해서 초등학생의 60~70퍼센트가 볼 정도였어요. 저도 그 피해자(?) 중에 한 명이고요. '혹시 길을 가다가 강시를 만나면 어쩌지?' 하는 고민을 자주 했던 것 같아요. 그때 만약 주변 어른이나 부모님이 이건 만들어진 이야기이고, 강시는 세상에 없다는 걸 알려 주셨다면 이런 걱정을 안 했을 텐데 말이죠. 이처럼 귀신, 좀비, 요괴 같은 것들은 물론 여러 가지 비현실적인 요소에 대해서 아이들과 이야기를 나누는 것은 아주 중요합니다. 실제로「신비아파트」같은 애니메이션을 보고 밤에 잠을 자지 못하거나 불안 등으로 정신과를 찾는 아이들도 종종 있다고 해요.

여러 연구에서도 영상 시청을 부모와 함께한 경우와 아닌 경우, 언어와 사회성 발달 지연이 2배 가량 차이가 나는 것으로 밝혀졌어요. 시청 중 이야기를 나누면 디지털 미디어에서 제공하는 콘텐츠가 현실과 연계되어 있다는 것을 알려 줄 수 있기 때문에 아이가 콘텐츠에서 빠져나오기 쉽습니다. 하지만 매번 아이와 영상을 함께 볼 수는 없잖아요? 그럴 때는 TV를 끄고 나서 "오늘도 재밌게 봤어? 어떤 이야기였어?"와 같이 물어보며 자연스럽게 콘텐츠 이야기를 나누는 것이 좋습니다. 아이들도 자신이 재밌게 본 것을 신나서 이야기하면서 단순히 시각적인 것에 몰두하지 않고 내용에 대해서 생각해 볼 수 있고요.

영상의 모든 내용을 말하지 않더라도 간단하게 주요 내용을 이야기하는 수준이면 됩니다. 예를 들어 「페파피그」를 봤다고 하면, "오늘 페파는 뭐했어?", "조지는 유치원에서 재밌는 일은 없었어?" 정도로 이야기하면 됩니다. 저는 아이와 간단하게라도 본 영상에 대해서 이야기 나누는 것을 습관으로 삼았는데, 그러다 보니 아이가 어린이집이나 유치원에서 본 영상에 대해서도 꽤 자세하게 이야기해 주는 편이었어요. 하루는 유치원에서 바이러스에 대해서 배우면서 EBS 「최고다! 호기심딱지」를 시청했는데, 아이는 생생하게 묘사되는 세균이 너무 무서워서 조금 울기까지 했다고 하더라고요. 그날 밤 그 영상이 생각나서 잠도 잘 오지 않는다고 할 정도였죠. 실제로 며칠 동안 그 이야기를 계속하기도 했고요.

이처럼 전체 관람 가이고, 교육적인 내용이어도 아이들마다 영상에 대해서 느끼는 바가 달라요. 저희 아이는 당시 7세였고 자기 의사를 잘 표현하는 편이었기 때문에 구체적으로 이야기할 수 있었지만, 꽤 많은 아이들이 영상에서 느낀 부정적인 내용이나 감정을 부모에게 알리지 않고 넘어가는 것 같아요. 너무 어릴 경우 영상에서 본 내용이 이상하긴 한데 이걸 어떻게 말로 표현해야 할지 모를 수 있어요. 반대로 구체적인 상황 묘사는 어렵고 부정적인 느낌만 남기기도 하죠. 그렇기 때문에 시청 중 또는 시청이 끝났을 때 이야기를 나누는 것이 아주 중요합니다. 영상 시청 후 대화를 나누면 아이에게 적절한 콘텐츠인지 아닌지 알 수 있을 뿐만 아니라 수동적인 영상 시청이 능동적인 소통으로 전환되는 계기가 됩니다.

우리 가족만의
'미디어 문화'를 만들어 보세요

미디어는 통제의 대상만은 아니에요. 미디어 콘텐츠 덕분에 가족 간의 대화가 더 풍부해지고, 공유를 통해 가족만의 문화를 만들어 갈 수도 있어요. 문화가 되면 미디어는 더 이상 갈등의 씨앗이 아닙니다. 오히려 가족 문화를 꽃피우는 씨앗이 될 수 있지요.

의미를 더한 리추얼 만들기

루틴에 의미가 더해지면 리추얼이 됩니다. 리추얼은 규칙적으로 행하는 의식을 뜻해요. 아침 7시 30분에 아침밥을 먹는 것은 그저 루틴이지만, 아침에 일어나서 아이를 30초 꼬옥 안아 주면서 "문경아 사랑해"라고 말해 주는 것, 자기 전에 하루의 감사한 점을 아이와 나눠 보는 것은 리추얼입니다. 사랑과 관심이 담긴 규칙적인 행동이 리추얼이에요. 리추얼의 규칙성은 연결되게끔 느껴지는 힘을 갖고 있어요. 부모와 아이를 정서적으로 연결되게 해 주지요.

미디어 생활에서도 이런 리추얼을 적용해 볼 수 있어요. 예를 들어서 아이가 영상을 다 보고 스스로 전원 버튼을 누르면 엄마가 옆에 가서 머리를 쓰다듬거나 안아 주면서 "더 보고 싶었을 텐데 대단하네, 우리 시율이~" 하고 말해 주는 거죠. 스킨십을 해 주면 영상을 보느라 후두엽만 활성화되어 있던 아이의 다른 감각이 깨어납니다. 덕분에 영상의 잔상에서 잘 벗어나게 해 주는 방법이기도 합니다.

보통은 미디어를 보면서 밥 먹는 것을 추천하지 않습니다. 거의 모든 전문가들의 공통 의견이에요. 밥을 잘 먹으려면 배가 고프거나 부른 것을 '인지'할 수 있어야 하는데, 영상에 정신이 팔리게 되면서 스스로 밥을 먹지 않게 되기 때문이지요. 밥 먹을 때마다 영상을 보는 것은 문제라고 생각해요. 하지만 일주일에 한두 끼 정도, 재미있는 영상을 보면서 밥 먹는 건 크게 문제가 될 거라고 생각하지 않아요. 저희 집은 주중에 한 번, 주말에 한 번은 영상을 보면서 밥을 먹어요. 주중에는 SBS 「골 때리는 그녀들」을 VOD로 보고, 주말에는 KBS 「1박 2일」을 본방 사수하지요. 둘 다 아이가 좋아하는 프로그램이에요. '축구와 여행'은 온 가족이 좋아하는 주제이기도 해서 영상을 보면서 대화도 많이 해요. 아이가 시저스, 팬텀

드리블, 마르세유 턴과 같은 용어를 쓰면서 축구 영상을 중계할 때는 역시 '울 아들은 몸보다 말로 하는 걸 참 잘하네' 싶기도 하고요. 미디어 자체보다 콘텐츠를 풍부하게 느끼는 방법으로 다양한 미디어를 활용하면 가족 간의 리추얼로 만들 수 있어요.

우리 가족만의 미디어 문화 만들기

미디어뿐만 아니라 아이를 키워 나가는 과정 자체를 정답이 있는 시험이라고 생각하면 어렵고 힘들어요. 우리 가족만의 '문화'를 만들어 나간다고 생각하면 부담도 적고 신나요. 내가 맞추려고 하면 힘든데, 스스로 만들어 간다고 생각하면 주체적이 되고 마음도 자유로워지는 것 같아요. 영상을 얼마나 볼지, 어떤 것을 볼지 결정하는 일도 우리 집 상황에 맞게 판단하고 아이와 대화하며 결정하면 문화가 됩니다. 아이의 생각을 수용하고 부모의 의견도 개진하며 서로 대화하는 시간 자체가 중요하기 때문이죠.

저는 아이가 좋아하는 축구 프로그램(골때녀)을 보는 것에는 동의하지만, 밤 10시 넘어서까지 방영하는 프로그램을 본방송으로 보는 것은 좋지 않다고 생각했어요. 너무 늦은 영상 시청은 수면에 큰 영향을 주기도 하니까요. 그래서 VOD로 구매해 이튿날 저녁 6~7시에 보기로 했어요. 아이는 본방송을 못 봐서 조금 아쉬워했고, 저희도 매번 비용을 내야 하는 점은 단점이지만 영상 시청이 다음 날까지 영향을 주는 것보다 낫다고 생각했어요. 이렇게 협의한 결정에 대해서 전반적으로 만족하고 있고요.

저희 집은 아침에 일어나면 온 가족이 식탁에 둘러앉아 책과 신문을 봐요. 남편은 신문 기사 한두 개를 소리 내어 읽고, 아이는 책 읽다가 재미있는 부분이 있으면 신나서 이야기를 해 줘요. 주중과 주말에 한 번씩 좋아하는 TV 프로그램을 보면서 느긋하게 밥을 먹고요. 아이는 주말에 1시간은 하고 싶은 모바일 게임을 하며 보내요.

이런 루틴이 자리 잡으면서 미디어로 인한 격렬한 갈등은 없어요. 하지만 협상은 매번 있지요. 더 하고 싶은 게임이 있거나, 주중에 영상을 더보고 싶다거나 그런 요구는 항상 있어요. 그러면 아이와 이야기해요. 왜그 게임을 하고 싶은지 물어보고 부부가 같이 검토해 봐요. 전체 연령 가에 맞지 않게 폭력적이라거나 광고가 지나치게 많이 나와서 8세 어린이에게는 해로울 것 같아서 안 되겠다고 거절하기도 하고, 엄마, 아빠도 해보니 재밌더라면서 왜 이 게임을 하고 싶었는지 알겠다면서 같이 해 보자고 하기도 하지요.

이 협상 자체가 힘들어서 모두 허용해 버리셨나요? 또는 이 요구를 모두 받아주기 어려우니 모두 통제해 버렸나요? 둘 다 바람직한 태도는 아니에요. 가장 해로운 건 그렇게 되면 가족 간의 대화 자체가 사라져 버릴지도 모른다는 데 있어요. 나는 아이의 어떤 점이 궁금한지, 아이와 어떤 대화를 나누고 싶은지, 아이와 어떤 것을 공유하고 싶은지 생각해 보세요. 대화 속에서 이해가 생겨요.

2장

0~3세 미디어 노출, 이렇게 '시작'해 보세요!

아이가 태어나도
부부간 대화가 먼저예요

　아이가 태어나고 1년, 부모에게 너무도 힘든 시간이에요. 엄마는 출산 이후 아직 몸이 회복되지 않았고, 아빠도 안 그런 척하지만 겁이 나요. 부모가 처음이니 육아를 몰라서 갖는 두려움이 확실히 있어요. 아이에게 좋은 것을 해 주고 싶은 마음에 이것저것 정보를 검색하고 알아보느라 아기가 낮잠 자는 시간에도 엄마는 스마트폰을 보느라 바쁩니다. 시간은 없고 할 일은 넘쳐나지요.

　그런데 요즘은 무지에서 오는 불안함보다 과잉 정보에서 오는 박탈감이 더 큰 것 같아요. 육아는 공부해야 합니다. 책도 읽어야 하고요. 하지만 개별 정보 파악에 너무 많은 시간을 쏟는 것은 추천하지 않아요. 알면 알수록 불안해지는 역설에 빠지거든요. 중심을 잡을 정도의 육아 상식과 아동 발달에 대해서만 알면 충분하다고 생각해요. **그 대신 어떤 원칙을 갖고 육아를 하면 좋을지, 우리 부부는 어떤 태도로 아이를 키울 것인지 대화를 많이 하는 것을 추천해요.**

저는 결혼하기 전에 원하는 배우자 상이 있었습니다. 딱 두 가지였는데, 하나는 부드러운 인상일 것, 다른 하나는 대화가 잘되는 사람이었습니다. 다행히(!) 이 두 가지를 모두 만족하는 천생연분을 만났습니다!(꺄아>_<) 그리고 정~말 대화를 많이 했어요. 소리 높여 싸운 적은 거의 없지만 '이런 것까지 말해야 해?' 하는 것까지 이야기했어요. 사소한 집안일 분담부터 가끔은 상대의 거슬리는 말투까지 모두 다요. 쫄보인 남편은 분명 제가 화가 났는데 입을 꾹 닫고 있는 것보다 미주알고주알 지적해 주는 게 낫다고 했습니다. 남자들은 몰라서 못 고친다고, 말해 주면 고칠 희망(?)이라도 있다고 말이죠. 대화의 자세를 갖춘 남편 덕분에 둘은 양가의 도움 없이 오롯이 맞벌이하며 육아를 해야 하는 막막한 상황에서도 서로를 의지하며 나름 즐겁고 씩씩하게 육아를 할 수 있었어요.

아이가 태어나고 1년 동안 저희 부부가 참 잘했다고 생각하는 것 중 하나는 서로 육아서를 돌려 읽고, 부부 중심의 가정을 세

우기로 한 점이에요. 당시에 『프랑스 아이처럼』, 『아이의 자존감』 등을 함께 읽었고, 아이를 어떻게 키우면 좋겠다는 이야기를 많이 나눴어요. 그 생각들을 정리해서 1장의 문서(?)로 만들었습니다. "나를 사랑하고 타인의 감정을 존중하는 자존감 높은 아이"라는 조금은 뻔하지만 초보 부모에게는 아주 그럴듯한 목표를 세우고 어떤 부분을 중점적으로 북돋아 줄지 등 세부 계획도 작성했어요. 지금 읽어 보면 웃음이 나지만 아이에게 뭐든지 많은 교육 기회를 주고 싶어 하는 남편과, 조금은 자유롭게 키우는 것이 좋겠다고 생각하는 저의 차이를 확인할 수 있었어요. 육아에 있어서 더 많은 대화가 필요하다는 것도 서로 많이 느끼게 되었고요.

무엇보다 우리 부부가 괜찮은 사람이면 아이는 충분히 잘 자랄 수 있다고 확신했고, 그 마음을 공유했어요. 우리 자신이 아직 30대 초반이었으니, 하고 싶은 것도 많고 꿈도 많을 나이잖아요? 서로가 서로에게 좋은 콘텐츠이자 미디어가 되는 것이 중요하다고 느꼈고, 각자의 시간도 최대한 존중하기로 했어요.

부모의 마음가짐은 육아에 절대적인 영향을 끼친다고들 하잖아요? 이는 비유적인 표현이 아니라 과학에 가깝습니다. 여유를 가지려면 물리적인 시간이 확보되어야 하니까요. 아이와 함께 잠드는 달콤한 낮잠을 포기하고서라도, 밤잠을 줄여서라도 개인 시간을 확보하려는 엄마들이 많습니다. 밤 10시 넘어 종종 온라인

강의를 진행할 때가 있는데요, 아직 출산한 지 1년도 안 된 열정맘들이 참석하면 기특하면서도 안타까운 마음이 들어요. 잠이 부족할 텐데 푹 잤으면 하는 마음이 들거든요.

제가 추천하는 방법은 주말에 남편과 종종 '시소 육아'를 하는 겁니다. 토일로 나눠서 하루 중 3시간 정도는 오롯이 엄마, 아빠만의 시간을 확보해 주는 겁니다. 아기 육아가 힘들긴 하지만 3시간 정도는 아빠 혼자서도 충분히 할 수 있고, 연습해 보는 것도 중요하다고 생각해요. 저희 부부는 아이가 태어난 지 얼마 되지 않았을 때부터 지금까지 한 달에 한두 번 정도 이 방법을 쓰고 있어요. 당시 이 방법을 통해 남편은 주말에 기타를 배우러 다녔고(아기가 자려고 할 때 자장가라며 기타 소리를 자꾸 들려줘서 잠을 홀랑 깨워 버리는 만행도 자주 저질렀습니다……), 저는 카페에 가서 책 한 권을 뚝딱 읽고 왔어요. 서로 조금은 충전된 마음으로 주말 육아를 하니 참 좋았습니다. 아이가 태어나고 몸도 마음도 환경도 달라져 버렸지만 일주일에 두세 시간 오롯이 내 시간을 갖는 그때만큼은 엄마, 아빠이기 이전에 '나'로 돌아갈 수 있는 귀한 시간이었어요.

지금도 서로 중요한 프로젝트를 할 때(예를 들면 지금 이 글을 쓰는 동안 저는 혼자 카페에 왔고, 남편과 아들은 둘이 데이트 중이에요) 또는 마음의 여유가 필요할 때 언제든지 상대의 시간을 존중해 줘요. 충전하고 오면 육퇴 후 마주 앉았을 때 대화가 더 풍부해지는 것은 말할 것도 없고요. 미디어 규칙이 있다는 것은 가정 내 중요하게 생각하는 '가치'가 있다는 뜻이에요. 부부간 대화는 그런 가치들을 확인하고 단단하게 하는 시간이고요.

동영상, 뇌 발달을 위해
딱 18개월만 참아 봅시다

이 책이 '디지털 미디어 활용법'을 다루고 있지만, 아이러니하게도 제일 먼저 하고 싶은 말은 "동영상을 딱 18개월만 참아 보자"는 이야기입니다. 왜냐하면 생후 18개월은 부모와 아이 관계에서 첫 단추를 꿰는, 아주아주 중요한 시기이기 때문이죠. 이때는 다른 미디어나 콘텐츠가 필요 없습니다. 많이 안아 주고, 웃어 주고, 말 걸어 주는 것, 그것이 육아의 전부라고 해도 과언이 아니에요.

저희 아기가 6개월쯤 되었을 때였어요. 아이는 잠투정으로 칭얼거리는데, 저도 안아 주다 지쳐 버렸죠. 잠시 바운서에 앉혀 두었어요. 혹시나 해서 제가 입던 티셔츠를 살짝 벗어서 아이에게 주었는데, 아기가 옷을 꼬옥 쥐더니 포근히 잠들더군요. 아주 행복한 표정으로요. 꿈에서라도 엄마 향을 맡는 게 좋은, 엄마, 아빠가 아이에게 '우주'인 시기입니다.

생후 3년은 부모와 아이 간에 애착을 쌓는 일생의 가장 중요한 시간이에요. 저는 「어린이조선일보」 기자로 커리어를 시작해서 미디어 회사에서 15년째 미디어 사업과 AI 어린이 서비스 기획 등을 하고 있어요. 그 과정에서 중요한 교육 정보도 많이 알게 되었지만, 불필요한 공포 마케팅에 혀를 내두를 때도 있었어요. 특히 "태어나서 3년은 엄마가 꼭 키워야 한다"거나 "엄마가 키워야만 애착이 완성된다"는 식의 마케팅을 너무도 싫어했어요. 주 양육자와의 상호 작용은 아이 발달의 핵심이지만 주 양육자가 꼭 엄마일 필요는 없습니다. 애착 형성도 자기 조절이나 사회성, 공감 능력을 기르기 위한 기초가 되는 아주 중요한 일이지만, 보통 70~80퍼센트의 아이들이 안정 애착을 갖기 때문에 부모로서 너무 염려할 필요도 없다고 생각해요. 하지만 한편으로 생후 3년의 시간이 얼마나 중요한지 조금은 간과했던 것 같아요. 아동 발달에 대해서 공부하면 할수록 태어나서 3년간은 자극에 따른 뇌 발달이 급격히 이뤄지고 모든 발달의 기초가 되는 '애착'을 쌓는 정말 중요한 시간임이 분명해 지더군요.

뇌 발달에 관한 기초 지식을 알고 있는 것도 육아에 큰 도움이 돼요. 더 나아가서는 인생에 큰 방향성을 가질 수도 있고요. 그 전에는 두뇌 발달에 관심을 가지는 것이 조기 교육에 관심 있는 엄마들의 조금은 유별난 관심사 중 하나라고 생각했는데, 공부하면 할수록 인간에 대해 이해하고 아이의 발달 과정을 정확하게 아는 데 핵심이구나 느끼고 있어요. 저는 뒤늦게 뇌 과학에 푹 빠져서 관련 서적을 읽고 육아뿐만 아니라 제 삶에도 적용하려고 노력하고 있어요.

뇌 발달에서 가장 중요한 것은 '뇌의 신경 가소성'이에요. 가소성可塑性에서 '소塑'는 '흙을 빚다'라는 뜻입니다. 우리 뇌도 찰흙으로 빚은 것처럼 쓰는 대로 발달한다는 의미지요. 영어로는 plasticity인데, 주무르는 대로 형태가 바뀌는 플라스틱처럼 외부의 자극이 빚은 대로 뇌의 기능이 달라진다는 뜻이에요. 아이의 두뇌는 엄마 배 속에서 20~30퍼센트만 자란 채 태어나 출생 후 성장하면서 완성된다고 해요. 흰 도화지처럼 태어나 주변의 자극을 흡수하고 환경에 적응하며 성장하는 거죠.

아이의 두뇌가 유전의 결과인지 아니면 환경의 산물인지는 부모님들의 오랜 궁금증 중 하나입니다. 누굴 닮아 이렇게 영특한지, 도대체 누굴 닮아 이렇게 산만한지, 엄마 덕인지, 아빠 탓인지 밥상머리에서 자주 다뤄지는 주제이지요. 뇌는 유전적 특성을 바탕으로 기본 구조가 만들어지고, 여기에 환경 자극이 더해져 완성되는, 유전과 환경의 합작품이에요. 뛰어난 유전자도 '환경 자극'이라는 스위치가 탁 켜지지 않으면 작동하지 않는다고 하죠. 특히 생각이나 행동, 감정과 관련된 유전자, 즉 뇌에 있는 유전자들은 환경에 따라 많이 달라진다고 해요. 그러니 유전만 믿기보다는 우리가 해 줄 수 있는 환경 조성에 더 많은 관심을 가져야 해요.

두뇌 발달이 가장 활발한 시기는 만 7세까지이며, 영유아기(0~6세), 학령기(7~12세), 청소년기(13~18세)를 지나 어른이 될수록 변화 정도는 점점 줄어든다고 해요. 그렇기 때문에 아동기 전반에 두뇌 발달에 관심을 가지고 원활한 의사 소통을 하려고 노력하는 것은 너무나도 중요해요.

0~3세는 '애착', 4~7세는 '자기 조절', 8~12세는 '공감'이라는 키워드를 갖고 아이의 발달을 바라보면 좋습니다. 발달은 순차적으로 이뤄지기 때문에 애착 없이는 자기 조절도, 자기 조절 없이는 공감 능력도 기르기 어려워요. 미디어 리터러시가 단순히 문자 해독을 넘어 사람과 사회에 대한 이해를 바탕으로 한 비판적 해석 능력을 갖추는 것을 말하기 때문에, 리터러시를 기르려면 두뇌 발달 과정에 맞춰 애착과 자기 조절, 공감 능력을 배양하는 것이 아주 중요해요

현명한 미디어 활용을 위해서는 '자기 조절'이 핵심인데, 자기 조절은 안정적인 '애착' 없이는 이뤄지기 힘들어요. 세상에 나

와 처음 관계 맺고 신뢰를 쌓는 일이 잘 이뤄지면, 힘든 일도 조금은 수월하게 해낼 수 있어요. 생후 12개월까지 양육에서 꼭 기억할 것으로 ① **신속하게** ② **섬세하게** ③ **일관성 있게** 3가지를 꼽아요. 첫째는, 아이에게 신속하게 반응하는 거예요. 울음은 의사 소통 방법 중 하나예요. 아이의 표현에 바로 반응해 주면 자신의 요구가 반영되는 세상에 호감을 갖고, 자신의 표현에 자신감도 갖게 된다고 해요. 둘째는, 아이가 기대하는 반응을 보여 줄 수 있도록 원하는 것을 섬세하게 관찰해야 해요. 배고픈 울음인지, 졸린 울음인지 구분할 수 있어야 한다는 거죠. 셋째는, 일관성 있는 반응이에요. 모든 양육의 기본이자 가장 중요한 원칙이죠. 일관성 있게 대해야 아이가 자신이 느끼는 감정을 올바르게 인식하고 표현할 수 있어요.

일관성 없이 육아를 하면 아이가 인과 관계를 이해하기 힘들어요. 당연히 배워야 할 규율과 태도를 배우지 못해 혼란을 느끼게 돼요. 그러면 아이는 마음의 불안감을 키우게 되고, 어떻게 해야 할지 모르기 때문에 쉽게 떼를 쓰게 됩니다. 예를 들어 스마트폰 노출에 있어서도 어떤 날은 아이가 밥 먹을 때 영상을 보여 줬는데 다음 날은 안 된다고 한다면, 아이 입장에서는 발버둥을 치며 보여 달라고 또 요구할 수밖에 없는 거죠. 일관성이 있다는 것은 원칙이 있고 예측 가능한 범위에서 상호 작용을 한다는 뜻이에요. 생후 1년 동안 아이의 요구에 잘 반응해 주면 아이와 양육자 사이에서 조화가 이뤄지고 양육이 점점 수월해질 수 있어요.

이처럼 생후 3년 동안은 상호 작용이 특히나 중요한 시기예요. 가만히 누워만 있는 것 같은 아이들도 엄마의 표정, 말투, 목소리, 분위기를 읽으며 배우고 커 나가요. 아이가 배우는 모든 것은 자극과 상호 작용의 결과지요. 생후 6~18개월에는 함께 눈을 맞추고 표정을 읽으며 감정에 대해 배워요. 사람은 혼자 살아갈 수 없고 커나갈수록 커뮤니케이션이 아주 중요한 사회적 동물인데, 사람들과 더불어 살아가기 위해 필수로 갖춰야 하는 것이 '공감 능력'입니다. 다른 사람의 마음을 읽는 것은 타고난 능력이 아니에요. 이것 또한 배워야 하고, 돌을 전후하여 시작되어 평생에 걸쳐 계속 다듬어지는 능력이에요. 감정 표현을 처음 배우는 대상이 주 양육자(부모)이고, 이런 소통은 단순히 소리 자극뿐만 아니라 표정과 목소리, 분위기 등을 통해 생생하게 이뤄집니다.

동영상 18개월만 참아보자는 이야기를 하려다가 말이 길어졌습니다. 태어나서 아이가 세상과 처음 관계 맺는 그 시간은 면대면 face to face 상호 작용이 무엇보다 중요한 시기입니다. 그래서 그때만큼은 스마트폰을 내려놓고 아이와 소통하는 시간을 많이 가지면 좋겠습니다. 영상 노출은 아이와의 직접적인 소통의 시간을 줄이기 때문에 그 자체가 아이의 언어 발달과 사회성 지연을 일으킨다는 연구가 수없이 많이 있습니다.

　우리나라 어린이들을 대상으로 한 최근 연구(2023년 한림대 동탄성심병원 소아 청소년과 김성구 교수 연구팀의 조사)를 보면, 사회성 발달 지연군의 96퍼센트가 만 2세 이전에 디지털 미디어를 시청한 것으로 나타났어요. 평균 2시간 이상 미디어를 시청한 비율도 사회성 발달 지연군에서는 64퍼센트, 대조군(일반)에서는 19퍼센트였어요. 어린 나이에 디지털 미디어를 오랫동안 시청하면 발달 지연에 영향을 준다는 연관성을 확인한 것이죠.

　노출 나이와 시간뿐만 아니라 미디어 노출시 보호자와 함께 시청했느냐도 큰 차이가 있었어요. 사회성 발달 지연군에서는 아이 혼자 미디어를 시청한 비율이 77퍼센트였고, 대조군에서는 이 비율이 39퍼센트로 2배 가량 차이가 났습니다. 연구진도 "어린 나이에 긴 시간 미디어에 노출되면 부모와 소통하고 상호 작용하며 창의적으로 놀 수 있는 시간이 줄어든다"면서 "유아의 기억력, 주의력, 인지력의 한계와 미디어의 일방향성으로 인해 뇌 발달 민감기에 부정적인 영향을 끼쳐 사회성 발달 저해를 가져올 수 있다"고 설명했어요. **두 돌 전 디지털 미디어 노출로 인한 언어, 사회성 발달 지연은 전 세계적으로 공통된 연구 결과입니다.** 스웨덴의 조사를 보면 하루 1시간 미만으로 이용하고 있었음에도 불구하고 언어 발달에 부정적인 영향을 준다는 연구가 있을 정도고요.

이렇듯 아동에게 미치는 영향이 분명하기 때문에 세계보건기구WHO도 미디어 가이드라인을 제시하고 있어요. 만 2세 미만의 아이들에게 디지털 미디어 이용을 제한하고, 2~5세의 아이에게는 하루 1시간 이내로 보는 것을 권장하고 있습니다. 많이 인용되는 미국소아과학회에서도 18개월 미만의 아이에게는 디지털 미디어를 노출하지 않도록 권하고 있어요. 마찬가지로 2~5세 아이에게도 디지털 미디어를 1일 1시간 이내로 제한하며 고품질의 프로그램을 어른과 함께 보는 것을 추천합니다.

AI 스피커로
동요를 들려주세요

이제 2세가 되었다면, 디지털 미디어 노출은 어떻게 시작하면 좋을까요? 18개월까지는 영상 노출은 최소화하는 것이 좋습니다. 하지만 이 시기에도 디지털 미디어를 똑똑하게 이용하는 방법은 있습니다. 바로 A I 스피커로 '동요 듣기'를 적극적으로 활용하는 겁니다.

어린이집 교사이자 동요 작사가로 활동하고 있는 김현정 선생님이 쓴 『하루 5분 동요의 힘』(다산에듀)이란 책을 보면, 동요가 아이들 언어 발달과 안정된 정서 함양에 얼마나 중요한지 잘 나타나 있습니다. 난독증 아이들 중에 유독 음치가 많다고 해요. 단어에서 소리를 분리하고 소리를 단어로 인식하는 음운 인식 능력이 떨어지기 때문이지요. 이때 동요 부르기를 하면 소리의 청각적 차이를 잘 구분하게 해 줘서 음운 인식에 도움을 준다고 합니다. 동요가 문해력에도 직접적 효과가 있다는 말이지요. 정서적 안정에 도움이 되는 것은 두말할 것도 없고요. 동요의 효과가 얼마나 대단한지 한 학습지 회사는 "어릴 때 만 곡의 동요를 따라 부르면 발달에서 걱정할 것이 없다"고 주장할 정도예요.

동요를 들려주는 것에는 동의하지만, 그러기 위해 수십 년 전처럼 CD를 사고 CD 플레이어까지 구비하는 옛 방식으로 육아를 하기에는 요즘 기술이 많이 발달했어요. 스마트폰을 꺼내서 유튜브에서 검색하고 재생하는 것도 꽤나 번거로운 일이에요. 대부분 아이를 안고 있거나 두 손이 자유롭지 않은 상태에서 스마트폰까지 조작해야 하니까요. 이럴 때 큰 도움을 받을 수 있는 것이 AI 스피커입니다.

"AI야, 동요 들려줘"라고 한마디만 해도, 아이의 연령에 맞춰 아이가 좋아하는 동요를 척척 들려줘요. AI 기기들은 앱과 연동해서 사용하도록 되어 있어요. 앱에 아이 이름과 성별, 연령 등 기본 정보를 입력하면 아이 맞춤형으로 AI 큐레이션을 해 줍니다. KT의 AI 지니뿐만 아니라, 누구SKT, 클로바(네이버), 헤이카카오(카카오) 등 대부분의 AI 회사들이 해당 기능을 제공하고 있습니다. "AI야, 동요 들려줘"라고 하면, 아이 이름을 부르며 "도윤아! 몸이 들썩들썩 신나는 동요 들려줄게"라고 말하기도 하고, "민준아! 네가 좋아하는 핑크퐁 율동 동요 들려줄게"라고 말하며 취향에 맞는 동요를 추천해 주기도 합니다. 특별한 취향이 없다면 "다온아! 세 살 친구들이 많이 들었던 동요 들려줄까?"라며 또래 친구들이 많이 듣는 노래를 제안하기도 하고요.

저는 아이를 키우는 초반에는 디지털 미디어를 노출하면 큰일 나는 줄 알고, 동요를 들려주기 위해 CD 플레이어를 사기도 했어요. 몇만 원짜리 CD 플레이어를 사고, 한 장에 만 원씩 하는 CD를 사면서 약간 자괴감(?)이 들었습니다. '요즘이 어떤 시대인데', '이건 아닌데' 하면서도 적절한 방법을 못 찾고 있던 시기였죠. 지금도 CD로 음원을 들려주는 가정이 꽤 있는 것 같아요. 나쁘다기보다는 불편한 게 사실입니다. '반복 듣기', '건너뛰기', '좋아요', '10초 앞으로', '30초 뒤'로 같은 세부적인 기능은 하나도 되지 않으니까요. AI 스피커들은 대부분 이런 섬세한 기능들을 말로 제어할 수 있어요. 아이가 좋아하는 동요 목록을 앨범으로 만들어 놓고 "AI야, 내 앨범 들려줘" 하면 동요 모음집만 들을 수도 있어요. 큐레이션해서 들려주는 동요 중에 맘에 드는 노래가 있으면 "이 노래 '좋아요' 해 줘"라고 말해서 따로 모아둘 수 있고, "AI야, '좋아요' 한 곡만 들려줘" 하면 그런 노래만 또 모아서 들려주기도 하고요. 참 편리한 세상이지요.

저는 훅hook성이 강한 캐릭터 동요보다 교과서에 나오는 아름다운 우리말로 작사된 동요를 좋아합니다. 그런데 정확한 제목이 잘 생각이 나지 않을 때도 있잖아요. 그럴 때 "AI야, 교과서 동요 들려줘" 또는 "AI야, 유치원 동요 들려줘" 이렇게만 말해도 찰떡같이 알아듣고 창작 동요 대회 수상작이라든지, 유치원에서 배우는 예쁜 가사를 담은 동요들을 들려줘서 참 좋았어요. 그뿐만 아니라 비슷한 가사만 흥얼거려도 정확하게 해당 동요를 재생해서 깜짝 놀랄 때도 있었는데, "AI야, '마음을 열어 하늘을 보라 넓고 높고 푸른 하늘' 들려줘"라고 했더니, "네, 「새싹들이다」 들려드릴게요"라고 제목을 알려 주며 듣고 싶던 동요를 들려주기도 했어요.

동요를 재생한 후 아이와 더 적극적으로 상호 작용하는 방법도 있습니다. 아주 간단하지만 꽤나 효과적인 방법입니다. 동요가 나올 때 '눈을 마주치며' 주요 가사에 아이의 '이름'을 넣어 불러 주는 방식이에요. 「작은 별」을 들려주고 있다면 "반짝반짝 준서 별 아름답게 빛나네" 이런 식으로 아이 맞춤형으로 불러 주는 거예요. 아이는 별이 빛난다는 것뿐만 아니라 내 존재가 별처럼 아름답다는 것도 느낄 수 있지 않을까요? 「산토끼」를 들려줄 때는 "수민아 수민아 어디를 가느냐, 깡총깡총 뛰면서 어디를 가느냐" 하는 식으로 아이와 동요를 연결시켜 주는 겁니다.

이렇게 디지털 미디어로 콘텐츠는 재생하지만, 상호 작용은 아이와 엄마가 직접 하는 거죠. 아이가 걷고 뛰어다닐 수 있는 시기가 오면 상호 작용의 범위를 한결 확장할 수 있습니다. 이를테면 노래를 이렇게 들려주며 직접 토끼처럼 깡총거리면서 흉내를 내면서 아이와 엄마의 특별한 놀이로 발전시키는 것이죠. 디지털 미디어로 번 시간으로 아이와 '직접 상호 작용'하는 시간을 늘리는 것이 똑똑한 육아입니다.

그런데 AI 스피커 사용에서 유의할 것이 하나 있습니다. 어른들은 AI 기기에게 명령하듯 이야기할 때가 많은데, 아이들이 그 모습을 배울 수 있다는 점이에요. AI 기기에게 말하는 것을 '발화'라고 하는데, AI 회사에서 발화어 분석은 중요한 업무입니다. 즉, 발화어를 살펴보면 사람들의 관심사나 유행을 알 수도 있고, 이를 통해 이용 패턴에 맞게 다양한 제안을 할 수도 있기 때문이죠. 그런데 고객들의 발화어를 살펴보면 대화가 아니라 명령하거나 단어만 내뱉는 경우가 절대 다수입니다. "AI야, 노래 틀어" 또는 "AI야, 날씨" 이런 식으로 말하는 거죠. AI 기기의 음성 인식이 잘 되지 않아 열받은(?) 경험이 있는 어른들이 다소 험악하게 말하기도 하고, 기계라고 생각하고 하대하다 보니 명령형이 익숙해지는 것 같아요.

신기하게 아이들은 달라요. "AI야, 내가 좋아하는 동요 들려줘", "AI야, 나랑 이야기 할래?" 하는 식으로 마치 사람을 대하듯 말합니다. 심지어 AI가 아이들 음성을 잘 인식하지 못하는데도 굴하지 않고 대화를 시도하는 모습도 볼 수 있고요. 그런데 이런 아이들도 부모님을 보면서 점차 기계와의 대화 방식을 명령체로 하게 되고 점차 일방적인 소통에 익숙해져서 사회성 발달에 부정적 영향이 있을 수 있다는 우려도 나오고 있어요. 평소 AI를 활용할 때 그 부분을 염두에 두고 사용하면, 아이들 언어 발달에도 도움이 될 것 같습니다.

TV 속 율동 영상을
따라 해 보세요

제가 초등학교에 다닐 때는 「가요톱텐」이라는 프로그램이 있었어요. VOD가 일반화되고 유튜브에서 언제든 검색하면 영상을 찾아볼 수 있는 요즘과 달리 2000년대 초반까지만 하더라도 본방사수 문화가 있었잖아요. 그 요일과 시간이 아니면 볼 수 없는 귀한 프로그램이기 때문에 TV 앞에서 목이 빠져라 시청하곤 했지요. 저는 형제가 셋인데, 가요톱텐을 볼 때면 항상 각자 역할을 정해서 마치 실제 무대에서 공연하듯 가수에 빙의를 하곤 했어요. 오빠는 래퍼를, 저는 보컬을, 동생은 댄서를 하는 식입니다. R.ef처럼 멤버가 세 명이면 한 명씩 맡으면 되는데, H.O.T처럼 다섯 명이면

한 사람이 두 사람 몫까지 해 가며 열심히 따라 했던 기억이 납니다.

24~36개월 아이들에게 첫 영상 노출을 고민 중이라면, 율동 영상을 보여 주고 따라 해 보는 것으로 시작해 보세요. 실제로 제가 아이와 세 돌 이전에 가장 적극적으로 영상을 활용한 방식이기도 합니다.

아이들의 동영상 시청을 걱정하는 이유는 첫째는 부모 또는 사람과의 대면 상호 작용 시간을 줄이기 때문이고, 두 번째는 그 시간에 배워야 할 적절한 신체, 언어, 정서 자극 등을 받지 못하기 때문이에요. 그런데 이렇게 영상을 활용하면 두 가지 걱정을 모두 덜어 낼 수 있어요.

일반적으로 영상을 시청하게 되면 시각을 담당하는 뇌의 후두엽 쪽만 활성화되고 사고 전반을 담당하는 전두엽은 거의 쓰이지 않는다고 해요. 그런데 글을 소리 내 읽거나 몸을 움직여 신체 활동을 하면, 뇌가 활성화됩니다. 동영상을 수동적으로 보고만 있는 것이 아니라 노래도, 율동도 따라 하면 오감이 자극되어 디지털 미디어의 콘텐츠를 능동적으로 활용할 수 있어요.

저는 스마트폰으로 콘텐츠를 보는 것은 아이가 10세인 지금도 꽤나 엄격하게 제한하고 있지만, TV나 큰 모니터로 영상을 보는 것은 두 돌 이후 필요에 따라 효율적으로 사용하고 있어요. 가장 많이 보여 주는 때는 저녁 식사를 준비할 때예요. 부모가 모두 집에 있는 시간이라면 번갈아 가며 놀아 주며 저녁을 차리면 좋을 텐데, 주중에 서너 번 이상 야근이 있는 남편을 대신해 TV의 도움을 받았어요. 하지만 가만히 보기보다는 율동과 체조, 요가 영상 등을 보며 따라 하는 것으로 영상을 활용했어요. 아이가 키는 다소 작은데 잘 먹어서 오동통한 편이었어요. 당시 영유아 검진에서 비만도를 나타내는 BMI 지수가 무려 99퍼센트나 나와서 조금 걱정이기도 했지요. 주말에는 산으로 들로 걸으며 신체 활동을 많이 했지만, 주중에는 어린이집을 다녀오면 늦은 저녁이라 신체 활동이 아무래도 부족하기도 했고요. 그때 영상 보며 따라 하기가 아주 효과적이었습니다.

당시에 아이가 핑크퐁을 좋아해서 핑크퐁 율동 영상을 섭렵했어요. 생활 습관 송, 캐릭터 동요, 영어 동요 등 거의 모든 동요에 율동 영상이 있었고, 어린이 체조, 요가, 발레 등 신체 활동을 주제로 한 영상도 수백 가지였어요. 대부분의 영상은 유치원생에서 초등학생 정도의 어린이들이 함께 나와 율동을 하고, 튼튼쌤이 나와서 "따라 해 볼까요?"라고 말하니까 아이도 시키는 대로(?) 매트 위에 딱 하고 자리를 잡더라고요. 배가 뽈록 나와서는 어찌나 열심히 하던지 구슬땀까지 흘리며 따라 하곤 했어요.

처음 보는 영상은 대부분 저도 같이 춤을 췄고요, 몇 번 봤던

영상은 아이 스스로 따라 하며 시간을 보낼 수 있었어요. '치타치타 뱅뱅' 영상을 보면서 신나게 제자리 달리기를 하고, 백조처럼 우아하게 플리에plie, 아라베스크arabesque 같은 발레 동작을 따라 하며 유연성을 길렀습니다. 이렇게 영상을 따라 몸을 움직이는 걸 일상화했더니 초등생인 지금도 종종 '노부영', '또보'를 보며 영어 노래를 부르고 율동까지 따라 하곤 해요. 아직까지는 노래가 나오면 몸이 반응하는 귀여운 초등기를 보내고 있고요.

그런데 이 방법은 저만 쓰는 게 아니었어요. 스탠퍼드대 박사이자 초등 두 아이를 둔 저자가 쓴 『0~5세 골든 브레인 육아법』(웨일북)에도 추천되어 있습니다. "만화 영화를 본다면 마지막 주제곡이 시작될 때에는 자리에서 일어나 춤을 추어도 좋다"고 합니다. 저자인 김보경 박사님도 주제곡이 '빠밤!' 하고 끝나면 다 같이 멋진 동작으로 미디어 시청 시간을 마치곤 했다고 해요. 시각 정보에 집중하고 있는 아이에게 다른 감각들을 살려 주어 디지털 미디어에서 빠져나오는 것을 도와주는 거죠.

아이는 '움직여야' 발달합니다

아이를 가만히 있게 하는 수단으로 미디어를 쓸 때가 많지요. 그렇게 재잘거리던 아이들이 입을 다물고 제자리에서 꼼짝 않고 급기야 생각까지 멈추게 하는 게 영상입니다. 하지만 아이들은 움직이는 존재예요. 움직여야 발달합니다. 신체 활동은 이 시기 놓치지 말아야 할 중요한 일 중 하나입니다.

그동안 운동은 보통 몸의 건강에만 좋다고 여겨졌습니다. 그런데 최근 여러 연구에서 운동이 뇌 발달을 '직접적'으로도 돕는다는 것이 밝혀졌습니다. 뇌유래신경영양인자Brain-Derived Neurotrophic Factor로 알려진 BDNF는 뇌의 성장을 도와주는 단백질인데, 뉴런(신경 세포)이 새롭게 자라는 것을 도와주고 뉴런끼리 서로 잘 연결되도록 하는, 그야말로 뇌가 똑똑해지는 것을 돕는 핵심 단백질이에요. 운동을 하면 이 BDNF를 높여 주고, 단기 기억을 장기 기억으로 전환해 주는 해마의 기능도 강화된다고 알려져 있습니다.

세계보건기구에서 제시한 만 3세 미만의 어린이들에게 권하는 적정 운동 시간은 1일 기준 3시간 이상이에요. 생각보다 많지요? 가장 좋은 것은 바깥 놀이이지만, 그걸 충족할 수 없는 여건이라면 실내에서라도 충분히 신체 활동 시간과 기회를 주는 것이 좋아요.

영상을 보고 따라 하는 것을 넘어 실재감을 느끼며 신체 활동을 할 수 있는 디지털 미디어와 콘텐츠들도 속속 등장하고 있어요. 제가 맡았던 AI 어린이 서비스 중에도 AI 스피커와 모바일을 연결하고, 모션 인식 기능을 활용해서 실컷 달리기를 할 수 있는 '나는 타이니소어'란 서비스가 있습니다. 아이들이 좋아하는 공룡 메카드와 협업해서 아이들이 직접 티라노사우루스가 되어 동전도 획득하고 카드도 모으면서 신체 활동을 할 수 있는 모션 인식 게임이었어요.

얼굴과 팔, 다리 등의 모션이 인식되어서 입을 크게 벌리면 불을 내뿜기도 하고, 오른쪽 왼쪽 이동이나 점프 등도 가능해 이리

저리 달리면서 아이템을 획득하는 재미가 있는 서비스였어요. 내부 사정으로 아쉽게 현재는 제공되지 않지만, 아이들의 인기를 한몸에 받았어요. 특히 시연을 위해서 야외 행사를 나갈 때마다 어린이들이 끝도 없이 줄을 서서 온몸으로 자신의 민첩성을 뽐내기도 했지요. 여러 회사에서 유사한 서비스가 다양하게 제공되고 있어요. 모션 인식이 되는 펜을 꼭 쥐고 율동을 따라 하면 점수를 매겨 주는 '생생댄스'라는 서비스가 있어요. '핑크퐁', '뽀로로' 같은 율동 동요뿐만 아니라 체조 영상도 따라할 수 있어요. 모션 인식에 성공할 때마다 점수가 쌓이고, 연속으로 성공하면 보너스 점수까지 주니 아이들이 더 신나게 참여할 수 있는 신체 활동 서비스랍니다.

이외에도 앱과 TV를 연결해서 할 수 있는 AR 게임도 추천합니다. '액티브 아카이브Active Arcade'란 앱이 있는데, 스마트폰의 모션 인식 기능을 이용해서 신나게 신체 활동을 할 수 있어요. 포즈 따라 하기부터 두더지 잡기, 우주 비행, 뜀뛰기, 테니스까지 온몸이 땀으로 흠뻑 젖을 정도로 운동이 됩니다. 1인 게임부터 서너 명이 함께할 수 있는 게임도 있어서, 가족이 함께하기도 좋아요. 플레이스토어 기준 전체 이용 가 게임이고, 5점 만점에 4.9점 이상의 평점을 기록 중입니다. 작은 스마트폰으로 사용하지 말고, TV로 연결해서 최대한 큰 화면으로 이용할 수 있도록 해 주세요.

24~36개월의 영유아 건강 검진에서 확인하는 대근육 발달을 보면 다음과 같습니다.

- 제자리에서 양발을 모아 동시에 깡충 뛴다.
- 계단의 가장 낮은 층에서 양발을 모아 바닥으로 뛰어내린다.
- 서 있는 자세에서 팔을 들어 머리 위로 공을 앞으로 던진다.
- 난간을 붙잡고 한 발씩 번갈아 내디디며 계단을 올라간다.
- 발뒤꿈치를 들어 발끝으로 네 걸음 이상 걷는다.
- 난간을 붙잡지 않고 한 계단에 양발을 모은 뒤 한 발씩 한 발씩 계단을 올라간다.
- 아무것도 붙잡지 않고 한 발로 1초간 서 있는다.
- 균형을 잡고 안정감 있게 달린다.

(24~26개월 기준)

- 큰 공을 던져 주면 양팔과 가슴을 이용해 받는다.
- 세발자전거의 페달을 밟아서 앞으로 나갈 수 있다.
- 선을 따라 똑바로 앞으로 걷는다.
- 제자리에서 양발을 모아 멀리뛰기를 한다.
- 아무것도 붙잡지 않고 한 발로 3초 이상 서 있는다.

(33~35개월 기준)

동영상 시청을 능동적으로 바꿔 주는 '영상 따라 하기'만 해도, 해당 시기에 충족해야 하는 대근육 발달의 대부분을 충족하실 수 있을 거예요.

18개월에서 36개월 사이 미디어 노출을 시작한다면, 이 세 가지는 꼭 지켜 주세요. 핵심은 '상호 작용'을 놓치지 않는다는 겁니다.

첫째, 아이와 '함께' 봅니다.

부모의 시청 지도가 있는 경우 아이의 사회성 발달에 미치는 영향이 확연히 차이가 나요. 앞서 소개해 드린 한림대 의대의 연구뿐만 아니라 미국소아과협회의 가이드라인에서도 양질의 콘텐츠를 선별한 다음 함께 보며 아이가 이해할 수 있도록 도와주는 것을 권장하고 있어요. 총 1시간가량 디지털 콘텐츠를 본다면, 적어도 30분 정도는 아이와 같이 보고 이야기를 나눠 주세요.

둘째, 영상은 '큰 화면'으로 시청합니다.

TV로 영상 노출을 시작하면 부모가 아이의 미디어 제어에 유리합니다. 스마트폰으로 시작하면 '휴대성' 때문에 아이들이 언제든지 사용할 수 있다고 생각하기 쉬워요. 콘텐츠는 TV로만 보기, 집에서만 보기, 정해진 리스트만 보기, 저녁 먹기 전 20분만 보기와 같이 가정 내 디지털 미디어 이용 규칙을 정한 후에 일관성 있게 적용하면 아이들도 생각보다 쉽게 따를 수 있습니다.

셋째, '1시간' 이내로 봅니다.

미국소아과협회APS와 세계보건기구의 스크린 미디어 이용 가이드에는 반드시 '시간'이 포함됩니다. 하루 2시간 이상 이용할 경우 뇌 구조 변화가 나타나고, 지적 능력을 가능하는 뉴런(신경 세포) 사이의 연결 수준도 떨어지니까요. 시간 기준을 지키는 것은 필수이고 중요한 지침입니다.

3장

4~7세 미디어 이용,
이렇게 '활용'해 보세요

자기 조절력부터
길러 주세요

4~7세에서 가장 중요한 발달 과업을 꼽으라면 '자기 조절'입니다. "그 나이에 그게 돼?"라고 묻는 분들이 많을 것 같은데, 정상 발달 과정에 따르면 충분히 가능한 나이입니다. 0~3세에 애착 형성을 잘했다면 만 3세 이후부터 자기 조절을 할 수 있어요. 자기 조절력은 앞으로 학습과 사회생활을 하는 데 필수 요소일 뿐만 아니라 미디어를 똑똑하게 활용하기 위해서도 꼭 갖춰야 합니다.

그런데 자기 조절은 절대 한 번에 되지 않습니다. 김붕년 서울대어린이병원 교수는 "하나에 최소 100번 이상 시도해 봐야 한다"고 했고, 오은영 박사는 "1,000번이고 1만 번이고 해 봐야 한다"고 이야기할 정도죠. 실제로 우리도 아이를 키워 보면 그렇잖아요? 한 번에 말을 듣는 아이는 절대 없지요. 밥 먹는 것, 샤워하는 것 이런 것들도 생각해 보면 수백, 수천 번의 시행착오를 거쳐서 아이 스스로 하게 된 것일 거예요.

자기 조절력을 기르려면 첫째로 가르침(훈육)이 있어야 하고, 둘째는 반복이 있어야 해요. 셋째는 폭풍 칭찬입니다. 어떻게 해야 하는지, 왜 해야 하는지 배우고 나면, 그걸 반복해서 실행하면서 익혀야 해요. 물론 그 과정에서 실패도 하고 유혹에도 빠지지만 다시 반복하면서 결국은 성공하게 됩니다. 이런 성공 경험을 여러 번 쌓고, 스스로 무언가를 해낼 때 옆에서 듬뿍 칭찬을 해 주면, 다시 해 볼 용기도 나고요. 자기 조절을 배우고 실천하게 되면 '예전에는 왜 이런 것에 힘을 뺐나' 할 정도로 자동 육아가 가능해져요.

교육 심리학에서 가장 유명한 스탠퍼드대학의 마시멜로 실험, 들어 보셨죠? 4~6세 아이들에게 마시멜로를 주고 '15분 동안 먹지 않고 기다리면 다른 하나를 더 주겠다'고 한 실험입니다. 이 실험에서 15분을 잘 기다린 아이들이 나중에 SAT 성적과 학업 성취 등이 높은 것으로 나타났고, 덕분에 만족 지연이 얼마나 중요한지 널리 알려지게 되었죠. 우리나라에서도 인기 육아 관찰 프로그램에서 관련 실험을 하면서 유명해졌고, 실험 방법이 쉽다 보니 우리 아이도 얼마나 잘 '참는지' 별도로 테스트해 보는 부모님들도 계셨어요. 그런데 여기서 핵심은 잘 참는 것, 우리 아이가 얼마나 인내심이 있는지가 아니에요.

자기 조절은 부모가 어떤 환경을 만들어 주었느냐가 더 중요한 요소였어요. 예를 들어 마시멜로 그릇에 뚜껑을 덮고 눈에 보이지 않게 하면, 아이들이 더 오래 기다릴 수 있었어요. 유혹을 눈에 그대로 보이게 두고 참으라고 강요하기보다는 유해 환경을 차단하는 것이 더 효과가 있다는 것이죠.

둘째로 "잘 참으면 마시멜로 2개 줄게"와 같이 보상을 강조하는 것은 도움이 되지 않는다고 밝혀졌어요. 셋째로, 부모나 교사가 아이와 정한 규칙에 대한 보상을 얼마나 잘 지키는지가 중요한 것으로 나타났어요. 즉, 약속에 대한 신뢰를 경험한 아이들은 12분을 기다렸고, 어른들로부터 신뢰를 경험해 보지 못한 아이들은 평균 3분을 기다렸다고 합니다.

디지털 미디어 활용에 있어서도 마시멜로 실험의 교훈이 그대로 적용됩니다. 부적절한 미디어는 애초에 제거하고, 아이와 한 미디어 규칙은 꼭 지켜서 아이가 '이대로 하면 되겠구나' 하는 마음이 들게끔 해야 합니다.

저는 신혼을 소파도 TV도 없이 시작했어요. 작은 거실에 남편과 저의 책장을 놓으니 가구가 들어갈 데가 없더라고요. 회사

업무에 필요한 모니터만 AI 스피커에 연결해 필요할 때 사용할 수 있게 했어요. 아이가 태어나자 이걸로 아이에게 동요도 들려주고, 함께 동영상도 따라 하며 영유아기를 보냈어요. 필요할 때만 켰고, 나중에 TV를 사고 나서도 TV를 켜는 시간은 늘 정해져 있었어요.

TV를 배경음처럼 켜 두거나 집에 돌아오면 무심코 태블릿 PC에 손을 대는 습관 등은 꼭 고쳐야 해요. 아이가 조절하기 전에 부모가 미디어 환경을 선택적으로 제공해야 합니다. 보다 꼼꼼한 어머니들은 TV에 덮개를 씌워 두거나, 안방 등 거실 외 다른 방에 설치해 두기도 해요. 접근 자체를 조금 더 어렵게 하는 것도 한 방법입니다. 확실히 덮개를 씌워 두면 아이들이 덜 찾아요. 마시멜로에 뚜껑을 덮어 두는 것과 같은 원리지요.

첫째도, 둘째도
종이책이 우선입니다

우리 아이에게 어떤 미디어 환경을 구성해 줄 것인가는 육아 전반에서 아주 중요한 고민입니다. 다양한 미디어 중에서 어떤 것을 최우선에 두어야 하는지, 또 어떻게 활용하면 좋을지 조금 더 구체적으로 이야기 나눠 보려고 합니다. 정답부터 말씀드리면, 첫째도 둘째도 책을 우선에 두어야 합니다.

4~7세 엄마들의 가장 큰 관심사는 '공부'입니다. 그리고 8세 이후도 쭈욱 공부입니다.ㅎㅎ 그렇게 중요하다는 만 3년간 애착 쌓기에 최선을 다하고 나면, '이제 슬슬 무얼 가르쳐 볼까' 하는 생각이 들기 시작해요.

107

만 3세면 대부분 어린이들이 어린이집이나 유치원 같은 단체 생활을 시작하면서, 아이들간의 비교도 처음 생겨납니다. 그전에는 "건강하게만 자라다오"라고 했다가 '어? 한글을 벌써 아는 애가 있어? 숫자를 100까지 안다고? 우리 애는?' 하면서 조바심이 올라오기 시작하지요. 4~7세 부모들의 가장 큰 관심사는 일단 한글을 깨쳤느냐인 것 같아요. 한글은 엄마표로 알려 주기도 쉽고, 방문 학습지도 많이 있어요. 요즘은 학습지가 대부분 디지털화되어서 태블릿 PC로 한글이나 숫자 공부를 하는 경우도 많지요.

4~7세에 아이의 학습을 시작하는 엄마들을 저는 응원합니다. "이 시기에 무슨 공부야, 많이 놀아야지"라며 아이들을 마냥 밖으로만 돌리기에는 아이들이 너무나도 공부를 잘하고 싶어 해요. 유능감이 주는 자신감이 엄청나기 때문이죠. 그런데 경계해야 할 것이 자기 조절력이 부족한 아이들에게 디지털 기기를 활용한 교육을 너무 빨리, 쉽게, 또 지나치게 허용하면 앞으로 공부가 더 힘들어질 수 있다는 거예요. 우리나라보다 앞서 디지털 미디어를 교육에 도입했던 많은 선진국들이 이제 반대로 디지털 기기를 금지하는 추세로 돌아서고 있다는 게 그 방증이죠.

프랑스는 만 3세 미만의 어린이들에게는 영상 시청을 '전면 금지'하고 3~6세는 교육적인 영상을 어른과 동반했을 때만 시청하도록 정책 변경을 검토하고 있어요. 스웨덴도 디지털 기기 사용을 의무화했던 방침을 백지화하고, 10세 미만의 수업에서는 태블릿 사용을 금지하고 있어요. 6세 미만의 경우 디지털 학습 자체를 중단시켰고요.

이 시기의 학습은 단순한 공부가 아닙니다. 단순히 가나다를 깨치고 숫자를 100까지 세는 법을 배우는 인지적 교육이 전부는 아니에요. 4~7세는 공부력을 키우는 시기라고 볼 수 있는데, 이임숙 작가의 『4~7세보다 중요한 시기는 없습니다』(카시오페아)라는 책을 보면 공부력이란 공부 실력만을 말하는 것이 아니라 공부를 좋아하고 배우기를 즐기는 '긍정적인 공부 정서', 자신이 잘할 수 있다는 '공부 자존감', 어려워도 끝까지 해내는 '성숙한 공부 태도', 인지 능력과 비인지 능력을 모두 아우르는 '공부의 힘'을 말해요. 디지털 미디어로 많은 콘텐츠를 접하면, 인지적으로 더 많은 정보를 접할 수는 있어요. 하지만 상호 작용이 제한적인 미디어로 학습에 대한 정서나 태도까지 잘 배우기는 어렵지요. 또 오감을 활용해 감각을 깨워야 하는 유아기에 디지털 미디어로'만' 된 학습은 독이 될 수 있습니다.

공부력을 기르기 위해서 가장 필요한 것은 '읽기'입니다. 여러 콘텐츠들이 디지털화, 영상화되더라도 학습의 핵심은 여전히 텍스트 읽기예요. 영상 등을 통해 '보는' 또는 '듣는' 공부가 익숙해지면, 여러 가지 폐해가 생깁니다. 100쇄 이상 팔린 특급 베스트셀러 『공부머리 독서법』(책구루)을 보면, 초등 우등생의 90퍼센트가 중학교 1학년 때 대거 이탈하고, 고1때 다시 한 번 성적 급 변동 구간을 겪는다고 해요. 저자는 이렇게 공든 탑이 무너지는 가장 큰 이유로 '듣는 공부'를 꼽았습니다.

사교육을 받으면 읽고 이해할 필요가 현저하게 떨어져요. 선생님이 대면이건 영상이건 하나하나 설명해 주니, 듣고 이해하는 공부를 하는 것이지요. 듣고 이해하는 공부 방식에는 두 가지 근본적인 결함이 있습니다. 하나는 시간이 너무 많이 든다는 것이고, 두 번째는 읽고 이해하는 경험이 극단적으로 줄어든다는 것입니다. 듣는 공부를 하면 시간이 너무 많이 드니 책을 읽을 여유가 생기지 않고, 또 듣는 공부가 익숙해지니 스스로 읽을 엄두가 나지 않는 악순환에 빠지는 것이죠.

말하기는 충분한 듣기의 양이 채워지면 자동으로 나오는, 타고난 능력이에요. 하지만 읽기는 다릅니다. 뇌에는 읽기를 관장하는 영역이 별도로 없어요. 따로 익히지 않으면 읽을 수 없고, 제대로 읽기 위해서는 많은 노력이 필요해요. 그런데 또 신기하게도 잘 배워서 꾸준히 쓰게 되면 '나만의 읽기 뇌'가 만들어집니다. 어릴 때부터 독서를 생활화한 사람은 마치 뇌에 고속도로가 생긴 것처럼 빠르고 효율적으로 읽게 되는데, 그것은 바로 '읽기 뇌'가 그만큼 잘 닦여 있기 때문이지요.

사람들은 "독서가 공부머리를 키우는 가장 쉬운 방법"이라고 하면 비유적인 표현으로만 생각하는 것 같아요. 하지만 뇌가 계발된다는 것은 관념적인 변화가 아닙니다. 구조적이고 물리적으로 전혀 다른 뇌로 바뀐다는 과학적인 사실이에요. 인간의 머릿속에는 약 1,000억 개의 신경 세포(뉴런)가 있고, 이 뉴런들은 시냅스로 연결되어 있어요. 이 시냅스가 얼마나 촘촘하게 연결되느냐에 따라 지적, 정신적 능력이 결정돼요. 시냅스의 연결이 조밀화되다가 자동화되는데, 이 자동화가 바로 뇌 발달입니다.

읽기는 뇌의 한 영역에서 이뤄지는 활동이 아니라 팀 플레이의 결과예요. 여러 부분이 일사분란하게 작용해 '뇌의 읽기 네트워크'가 활성화되어야 텍스트 읽기가 가능해집니다. 후두엽에서 문자를 시각 정보로 받아들인 다음 측두엽에서 시각 정보를 소리로 변환시켜 매칭하면, 전두엽에서 그 글자의 의미를 추론해요. 마지막으로 변연계에서 문장에 담긴 감정까지 헤아리게 됩니다.

이렇게 책을 읽을 때 뇌는 여러 영역이 연결되어 신호를 주고받으며 일합니다. 이를 '읽기 네트워크'라고 부릅니다. 이런 경로가 반복되면 자동화되는데, 숙련된 독서가가 되면 뇌의 일부만 활발해지는 '뇌의 성숙'이 일어납니다. 읽기 능력이 뛰어난 아이일수록 뇌의 회백질의 부피 감소를 눈으로 확인할 수 있을 정도라고 해요. 불필요한 연결을 줄이고 효율적인 뇌로 구조적인 변화가 일어났다는 뜻이죠.

뇌는 피곤한 것을 싫어합니다. 책 하나 읽는 데 온 뇌를 사용하는 것을 힘들어하죠. 그래서 많이 사용하는 것은 지름길을 만들어 더 편하게 만들고 강화시켜요. 뇌의 신경 가소성, 기억나시죠? 쓰는 대로 빚어진다는 것 말입니다. 아동기에 집중해야 할 자극은 듣는 공부를 부추기는 영상 노출이 아니라 뇌를 키워 주는 아날로그 책 읽기입니다. 뇌만 키워 주면 공부는 알아서 잘하게 된다고 해도 과언이 아니에요.

서울대 김붕년 교수도 『나보다 똑똑하게 키우고 싶어요』(디자인하우스)에서 "아이의 발달에서 가장 중요한 것은 두뇌"이며 "두뇌는 신체, 인지, 정서 등 인간의 모든 감각과 신경을 관장한다. 자존감, 창의력, 집중력, 도덕성 등 사는 데 필요한 모든 자질들은 모두 두뇌를 통해 개발된다"고 이야기하고 있죠. 그리고 두뇌 계발에 가장 효과적인 것은 '독서'라고 힘껏 말합니다.

저 역시 아이를 키우면서 가장 염두에 둔 것이 '독서'예요. 요즘 이걸 "책 육아"라고 하지요. 공부를 떠나 책을 좋아하는 아이로 키우고 싶었어요. 경험은 한계가 있지만 독서로 맛볼 수 있는 세계는 무궁무진하니까요. 매일 한 권씩 책을 읽어 주고, 주말에 특별한 일정이 없으면 도서관에 갑니다. 한글을 떼고 나서는 책 읽기를 더 좋아하더군요. 아침에 눈 뜨면 다 같이 식탁에 둘러앉아 책을 보고, 심심할 때도 책을 보며 시간을 보내는 걸 당연하게 생각하게 됐어요. 책을 보며 깔깔거리는 아이를 보면, 육아에서 이거 하나는 참 잘했구나 싶습니다. 동영상이나 디지털 앱 노출을 시작하면서도 잘 잡힌 독서 습관 덕분에 미디어 생활 전반에 균형도 잘 잡을 수 있었어요.

디지털 읽기는
종이 읽기와 다릅니다

그렇다면 책 읽기를 디지털 기기로 하면 되는 것 아닐까요? 아쉽게도 답은 '아니에요'. 미디어가 바뀌면 콘텐츠도 다르게 읽게 됩니다. **디지털 읽기의 기본은 '훑어보기'예요. 스크린으로 읽을 때 우리는 한두 줄을 지그재그로 읽다가 결론으로 휙 내려가는 F자 형으로 글을 읽습니다. 텍스트를 재빠르게 훑어 읽어 맥락을 파악한 후 결론으로 직행하는 방식입니다. 쉽게 말해 글을 띄엄띄엄 대충 읽게 되고, 그 결과 이해력도 떨어지게 되는 거죠.**

실제로 노르웨이 연구진이 학생들을 대상으로 단편 소설을 읽게 한 실험이 있습니다. 한 그룹은 디지털 기기인 아마존 '킨들'

로, 한 그룹은 종이책으로 읽게 한 후 이해도를 비교한 것이죠. 그 결과 종이책으로 읽은 학생들이 디지털 기기로 읽은 아이들보다 줄거리를 시간 순으로 재구성하는 능력이 더 뛰어난 것으로 나타났다고 합니다. 전자책으로 본 아이들은 건너뛰며 빠르게 훑어 읽은 탓에 세부적인 사건의 순서를 놓치는 경향이 높았고요. 훑어 읽기란, 정보의 양은 점점 많아지고 집중력은 부족해지는 현대인들이 뇌의 과부하에 빠지지 않기 위해 새로 터득한 읽기 방식이에요.

　문제는 정보 처리 속도가 빠른 디지털 스크린으로 글을 읽는 습관이 반복되면, 책이나 신문을 보아도 그런 방식의 읽기가 계속될 수 있다는 점이에요. 디지털 읽기의 가장 큰 위험성은 ① 주의 집중이 흐트러지고 ② 깊이 있는 사고를 앗아간다는 거예요. 읽기는 앞서 설명한 대로 뇌의 여러 부위가 연합하여 이해에 도달하게 되는 행위예요. 뇌의 에너지를 많이 쓰게 되지요. 쉽게 말하면 뇌가 저절로 좋아하는 자동적인 사고가 아닙니다. 그래서 더욱더 연습이 필요하고 지름길을 만들고 닦아서 뇌가 에너지를 덜 쓰도록 자동화시켜야 해요.

　디지털 기기로 책 읽기를 하면 구체적으로 어떤 나쁜 점이 있을까요?

첫째로 디지털로 읽게 되면 주의력을 빼앗아 가는 요소들이 더 많이 등장해요. 스마트폰이나 태블릿에 설치된 SNS 앱, 검색 앱

115

을 지나치기도 쉽지 않고, 자칫 유튜브라도 한 번 켜면 1시간은 순삭이죠. 수많은 팝업 창과 마케팅 푸시push 메시지도 주의를 흩트리기는 마찬가지입니다. 이 모든 유혹을 이기고 전자책 또는 공부할 텍스트를 펼쳤다고 해도, Z형 또는 F형 읽기를 하며 겉핥기식 독서에 머무를 수밖에 없어집니다.

두 번째는 깊이 있는 사고가 어렵다는 거예요. 요즘 수능에서 가장 어려운 과목이 국어인데요, 짧은 시간 안에 함의를 '유추'해야 풀 수 있습니다. 그런데 이 유추라는 것이 '공감' 없이는 이뤄지기 어려워요. 예를 들어 어떤 소설에서 얼굴도 잘생기고 성격도 좋고 전교 1등을 놓치지 않는 엄친아 주인공이 있다고 합시다. 여름에도 항상 긴 옷을 입는 그 친구의 팔에 붉게 그인 상처를 우연히 보게 되었습니다. 그러면 어떤 생각이 드세요? 완벽해 보였던 주인공에게 어떤 사연이 있을 것 같은 느낌이 오잖아요? 그것이 바로 책을 읽으면서 공감하고 유추하는 과정입니다.

이렇게 책을 읽는 동안 발생하는 생각과 감정의 덩어리가 아이의 추론과 공감 능력을 향상시켜요. 특히 이야기책을 읽고 나면 주요 장면과 줄거리, 인물들의 관계 같은 정보들이 하나의 집으로 구축되고 그 많은 이야기가 머릿속에 꽤 체계적으로 정리됩니다. 이것이 바로 깊이 읽기예요. 수백 쪽 되는 책도 몰입해 읽다 보면 그 많은 내용이 저절로 기억나잖아요. 주인공 또는 저자가 되어 그 감정과 감각을 그대로 체험하기 때문에 가능한 일입니다.

미국의 인지 신경 학자 매리언 울프는 『다시, 책으로』(어크로스)에서 "디지털로 책을 읽으면 책에 몰입하기보다는 '정보'를 얻는 데만 몰두하기 시작한다"고 말합니다. 디지털 읽기를 계속하면 "종이책을 읽을 때 구축된 뇌의 깊이 읽기 회로가 사라지고, 깊이 읽기의 결과물인 비판적 사고와 반성, 공감과 이해 등을 인류가 잃어버릴 수 있다"고 우려했어요.

그렇다고 디지털 기기로 보는 것이 모두 해롭다는 것은 아닙니다. 정보를 효율적으로 얻기에는 더 도움이 될 수 있죠. 저만 하더라도 전에는 1년에 50권 정도 책을 읽었는데, 전자책을 읽기 시작하면서 100권 정도로 독서량이 2배로 늘었어요. 게다가 패드하나면 수천 권의 책을 나만의 서재에 담을 수 있고, 밑줄 긋기를 대신할 수 있는 하이라이트와 메모 기능 덕분에 책을 보고 나서 내용 요약 정리도 훨씬 잘할 수 있게 되었거든요. 목적이 확실한 정보 획득용 독서에는 전자책과 앱을 활용하는 것이 아주 효율적입니다. 발췌독이 가능해지는 나이나 수준에 이르면, 디지털 읽기가 독서에 날개를 달아 줄 수 있습니다. 하지만 발췌독이 가능하려면 그전에 충분한 읽기 능력과 문해력이 갖춰져야 해요. 책이나 글에서 본인에게 필요한 부분 또는 중요한 부분을 가려 뽑아낼 수 있는 시각이 먼저이기 때문이죠.

쏟아지는 정보 속에서 인쇄물 기반의 읽기와 디지털 읽기 교육은 병행되어야 해요. 이것을 '양손잡이 읽기의 뇌'라고 합니다. 디지털 콘텐츠 읽기는 이제 일상이에요. 2025년에는 학교에도 디지털 교과서가 도입돼요(초등 3~4학년 대상). 우리가 책을 볼 때 정독과 발췌독을 고르듯, 콘텐츠와 미디어에 맞게 읽기 방식을 달리하며 적절히 활용해야 해요. 다만, 양손잡이 읽기 뇌를 만들려면 그 전제가 종이책을 통한 충분한 깊이 읽기입니다.

영어 영상 노출을
시작하기 전에

영어 교육에 대한 관심은 날이 갈수록 높아지는 것 같아요. 맞벌이를 하고 아이 하나를 키우는 저희 부부에게도 "왜 영어 유치원에 안 보내?"라며 의문을 넘어 타박을 하는 분들도 있었거든요. 저는 약간 청개구리 같은 마음이 있었나 봐요. 너무 어릴 때부터 영어를 강조하는 것이 다소 과하다는 생각을 늘 하고 있었거든요. 실제로 아이가 5세가 될 때까지(만 3세) 영어 노출을 전혀 하지 않았습니다. 대신 모국어가 아주 중요하다고 생각하고 있었기 때문에 하루 1권 이상의 책 읽어 주기는 태어나서 지금까지 꾸준히 하고 있고요.

그런데 육아가 꼭 계획한 대로만 흘러가는 게 아니죠. 아이가 5세 때 코로나19가 닥치면서 재택 근무와 육아를 병행해야 하는 일상이 되면서 디지털 미디어의 도움을 받을 수밖에 없었어요. TV로, 쉬운 영어 프로그램 위주로 디지털 콘텐츠를 1시간 내외로 시청했어요. 그전에 영상으로 된 미디어 노출이 많지 않았기 때문인지, 아이는 처음 노출을 시작한 영어 TV를 곧잘 보았어요. 2년 정도 지나니 스스로 영어책을 읽을 수 있었고, 3년 정도 지났을 때는 자기 나이 또래 미국 초등학생 수준의 영어를 할 수 있게 되었습니다.

우리나라를 대표하는 엄마표 영어계(?)의 양대 산맥이 있는데, 잠수네(이신애)와 새벽달(남수진) 이렇게 두 분입니다. 두 분 모두 충분한 영어 듣기가 뒷받침되어야 영어를 잘할 수 있게 된다는 점과 영어 유치원을 보내기보다는 그 시기에 다양한 놀이와 부모와의 상호 작용이 중요하다는 점을 강조합니다.

하지만 언제 노출을 시작하느냐에 관해서는 견해가 조금 달라요. 잠수네는 모국어를 중요시 여기고 초등 이후에 영어를 해도 충분하다는 입장입니다. 초등 이후 매일 3시간씩, 3년 정도 영어 환경을 만들어 주자는 거죠.

반면 『새벽달 엄마표 영어 20년 보고서』(롱테일북스)는 노암 촘스키의 '언어 습득 장치 이론', 레너버그의 '결정적 시기 이론'을 바탕으로 0~3세가 엄마표 영어의 골든 타임이라고 말하는 책이에요. 아이의 평생 영어 실력은 10세 이전 엄마표 영어에 달렸다고도 말하죠. 두 책을 모두 읽었고, 공감 가는 내용이었습니다.

　뇌 과학 전문가가 영어 또는 외국어 노출을 언제 시작할 것인가를 아주 명쾌하게 정리해 놓은 책이 있어서 그것도 소개해 드리고 싶어요. 가톨릭대 의대 김영훈 교수와 EBS가 함께 쓴 『아이의 공부두뇌』(베가북스)에서는 서울대 의대 명예 교수이자 뇌 과학 권위자인 서유헌 교수의 의견을 빌려 아래와 같이 이야기합니다.

"태어나자마자 영어에 노출되는 경우에 2,200시간 이상 노출되어야 의미 있는 영어 단어를 한마디 할 수 있고, 5,000시간 이상 노출되어야 영어를 유창하게 말할 수 있다. 반면에 모국어에 5,000시간 이상 노출되어 모국어에 능통한 경우에는 모국어의 언어력을 기반으로 영어를 배울 수 있기 때문에 2,400시간만 노출되어도 유창한 의사소통이 가능하며 4,300시간 노출되면 영어의 전문가가 될 수 있다. 그런 의미에서 영어는 모국어에 5,000시간 이상 노출된 후에 하는 것이 바람직하다."

　언어는 듣기 인풋이 아주 중요합니다. 특히 만 10세 이전에 듣기가 충분히 채워지면 자연스럽게 발화가 가능하다고 하죠. 위 설명처럼 모국어에 5,000시간 이상 노출되려면 하루에 8시간을 기준으로 삼으면 만 2년입니다. 보통 우리가 만 24개월이 되면 "엄마 물 주세요"와 같이 두 단어 이상으로 된 문장을 말할 수 있게 되는 것도 그러한 원리입니다. 모국어 노출이 적다면 조금 더 시간이 걸릴 테고요.

물론 아이마다 조금씩 발달의 차이가 있을 수 있지만, 보통은 뇌 과학적으로 보더라도 문법의 뇌가 4세 경에 완성되기 때문에 그 이후에는 외국어 학습이 가능하다고 보고 있습니다.

이렇듯 여러 의견을 종합해 보았을 때, 4~5세에 시작하는 영어 학습은 아주 적절합니다. 또 이 시기는 자기 조절을 시도하고 충분히 체화할 수 있기 때문에 디지털 기기의 도움을 받아 외국어의 재미를 느낄 수 있도록 하는 것도 좋은 방법이고요.

자 그럼, 4~7세에 디지털 콘텐츠를 영어 교육에 활용하려면 어떻게 해야 할까요?

먼저 아이들 콘텐츠 중에 가장 많은 비중을 차지하는 것은 동요예요. 앞서 설명한 방법으로 AI 기기를 활용하여 영어 동요를 들려주는 것으로 시작하면 좋겠습니다. 0~3세에 영어 음원을 충분히 듣는 것은 습득에 커다란 도움이 됩니다.

4~5세가 좋아하는 음원과 캐릭터의 영상 노출도 시작해 볼 수 있습니다. 유튜브에 있는 수많은 영어 동요, 스토리 영상을 활

용할 수 있어요. 동영상 플랫폼마다 연령대별 추천 영상과 채널을 제공하니 참고하시는 것도 도움이 됩니다.

이것만 지키면
디지털 학습 괜찮아요

    앞서 말씀드린 것처럼 저는 아이가 만 3세 때 코로나19로 재택 근무와 육아를 병행하면서 자연스럽게 영어 영상을 활용하기 시작했어요. 아이는 그전까지 영상 노출이 없었기 때문에 TV로 뭔가를 보는 것 자체를 아주 신기해 하면서 빠져들었어요. ABC도 모르는 아이였는데, 귀여운 캐릭터가 나와서 알려 주는 파닉스와 신나는 리듬의 매력에 빠져 정말 가만히 앉아 30분이고 1시간이고 영상을 보더라고요. 집중하는 모습에 뭔가 배우는구나 싶기도 했고, 회의하는 동안 방해받지 않아서 편하다는 생각도 했어요. 한편으로는 '영상 보는 동안 아무 생각도 안 한다는데 5세인

지금 영상을 봐도 괜찮을까?' 걱정이 들기도 했고요.

디지털의 도움을 받기로 한 만큼 꼭 원칙을 지키려고 노력했어요. ① 30분 이상은 연속해서 보지 않았고, ② 전체 시청 시간은 1시간 내외로 조절했어요. ③ 영상을 보고 나서 어땠는지 꼭 이야기를 했고요. ④ 영상은 TV VOD로만 보아 불필요한 광고 시청이나 다른 방해 요소(타 사이트 연결 등)를 최소화했어요.

이렇게 활용하니 아이에게도 많은 도움이 됐어요. 일단 영어 귀가 많이 트였어요. 이 시기 아이들의 귀를 '황금 귀'라고 하잖아요. 듣는 귀가 달라지니 발음이 달라졌어요. 예를 들어서 우리는 원숭이를 monkey라고 배우고 멍키(또는 몽키)로 발음하는데요, 아이는 '음 멍키'라고 소리 내더라고요. 알파벳 M의 파닉스에 '음 m'이 포함돼 있기 때문이죠. 마찬가지로 no를 읽을 때도 우리는 '노'라고 배웠지만, 영어 소리 노출이 자연스럽게 된 아이는 '은 노우'와 같이 발음하더라고요.

영어 영상 노출을 하고 난 뒤 영어에 대한 흥미는 물론이고 실력 자체도 느는 것 같아 아주 뿌듯했어요. '지금 우리 아이 뇌가 스펀지라는데 더 보여 줄까' 하는 생각도 자주 했고요. 하지만 이런 유혹을 뿌리쳤어요. 이 시기에 가장 필요한 부분은 여전히 직접적인 상호 작용이기 때문에 영상 시청 시간에 신경 썼고, 그 외에는 아이와 만들기, 미술 놀이, 블록 놀이 같은 실제적인 활동을 할 수 있도록 애썼어요.

이 시기에 아이와 가장 많이 했던 활동은 물감 놀이와 요리 만들기였어요. 아이가 3세 미만일 때는 솔직히 미술 놀이가 겁났어요. 물감은 감히 살 생각도 못했고, 크레파스나 색연필 정도가 전부였죠. 자기 조절이 가능한 4세 이상이 되자 정확한 가이드라인만 제공하면 아이가 집안을 엉망으로 만들 정도는 아니란 걸 알게 됐어요. 식탁 위는 마음껏 어지럽혀도 된다고 하고 물감을 꺼내 주니 신나서 물감을 문질러 대더라고요. 수성 물감은 대부분 걸레로 잘 지워져서 생각보다 뒷처리가 어렵지도 않았고요. 이때 하나 깨달은 게 '내가 겁을 내고 안 된다고만 생각하고 있었구나' 였어요. **무조건 안 된다고 하기보다 '어떻게 할까'에 초점을 맞추니 어떤 규칙이 있어야 할지, 아이와 어떻게 활동을 할지 이야기하고 상의하게 되더라고요.** 미디어 이용도 마찬가지라고 생각해요. 무조건적인 금지, 또는 무한한 허용보다는 '앞으로 미디어와 어떻게 동행할까'에 집중하면, 함께 답을 찾아갈 수 있을 거예요.

미디어와의 동행을 시작하는 4세에 반드시 주의해야 할 점이 있어요. **첫째로 시간 조절이 여전히 필요하다는 점이에요.** 미디어 조절에 실패하는 이유 중에 하나가 부모님들의 비일관성인데, 특히 영어 또는 학습 영상을 보는 것에 대해서 지나치게 허용적이라는 거예요. 4~7세까지도 양질의 영상을 '하루 1시간 내외'로 시청하고 영상에 대해서 대화를 나눠야 하는 원칙은 동일해요. 하지만 부모님들은 공부는 많이 하면 할수록 좋다고 생각해서인지, 학습 연계 영상이나 패드 사용에 대해서 거의 제어하지 않죠. 아이가 영상을 보면서 영어 동요를 따라 부르고 영어 표현을 따라하면 그 모습이 너무 기특하고 예뻐요. 스펀지처럼 흡수하며 학습하는 우리 아이가 '천재가 아닐까' 하는 생각도 이즈음 시작되고요. 하지만 아무리 교육적인 영상이라고 하더라도 지나친 디지털 영상 시청은 아이에게 해롭습니다. 가정마다 보는 날짜, 시간 등에 대해 명확하게 정하고 지킬 수 있도록 아이도 부모도 함께 노력해야 해요.

두 번째로 유튜브나 동영상 플랫폼의 자동 재생이나 추천 동영상 기능을 해제해 주세요. 아이의 시청을 위한 별도 리스트를 만들 필요가 있어요. 별도 기능 설정이 다소 귀찮기도 하기 때문에 그냥 두는 경우가 많은데, 그러면 무분별한 관련 동영상이 재생되어 콘텐츠의 질을 담보할 수 없게 됩니다. 저도 아이가 18~24개월에 맞벌이 출근 준비로 아이를 가만히 앉혀 두기 위해서 유튜브를 보여 줬던 시기가 있었어요. 그 당시 한창 색깔과 숫자를 좋아할 나이였고, 그런 류의 영상은 크게 해로울 것이 없다고 생각해 별도 제한 없이 스마트폰을 맡겼던 기간이었어요. 그랬더니 중국어를 시작으로 스페인어, 이탈리아어, 러시아어 영상까지 재생이 되었습니다. 푸른색을 뜻하는 스페인어 Azul(아쑬), 노랑을 뜻하는 Amarillo(아마리조) 같은 단어를 영상에서 배워 올 때는 기특하다고 생각했는데, 어느 순간 아이가 보는 영상의 내용과 전달 방식 등이 전혀 교육적인 고려 없이 그야말로 마구잡이로 재생되고 있다는 것을 느꼈어요. 예를 들어 'The Finger Family(손가락 가족)'를 제2 외국어로 영어를 구사하는 외국인이 더 어색하게 불러 준다거나, 노래와 함께 보여지는 영상이 영어 동요의 가사와 전혀 상관없는 것이 나오기도 했고요. 양질의 콘텐츠를 보여 주기 위해서는 자동 재생을 끄고, 검증된 콘텐츠를 제공하는 2~3곳의 교육 채널을 구독한 뒤 그 채널 내 콘텐츠를 보여 주는 식으로 활용하는 것이 더 좋습니다.

상호 작용 돕는
영어 앱을 추천해요

0~3세에 영어 동요를 충분히 듣고, 4~5세에 영어 영상 노출도 시작했다면, 6~7세에 다양한 AI 영어 학습 앱을 활용해 실력을 다지는 것도 추천합니다. 유사 이래 지금이 영어 공부하기 제일 좋은 시기라고 감히 말해 봅니다. 영어 학습 앱이 '상호 작용'을 바탕으로 학습 효율을 크게 올릴 수 있기 때문이에요.

제가 맡았던 AI 서비스 중에 '핑크퐁 영어 따라 말하기'라는 영어 학습 콘텐츠가 있었어요. 인기 있는 핑크퐁 영어 영상을 본 다음, 영어 문장을 따라 해 보는 프로그램이었어요. 발음의 유사도와 유창성 등을 따져 아이들에게 칭찬을 해 주고, 칭찬 도장도

찍어 주었어요. 핑크퐁의 인기 덕분인지 미취학 어린이 대상으로 가장 인기 있는 영어 서비스였어요. 어릴 때부터 보던 캐릭터와 함께 놀면서 영어를 배우니 흥미가 지속될 수 있었고요.

제가 담당한 서비스 중에는 영어 학습에 한층 특화된 프로그램도 있었어요. 미국 대부분의 국공립 교재를 제작하는 스콜라스틱Scholastic과 협업해 만든 서비스로, 듣고 따라 하기뿐만 아니라 다양한 퀴즈나 액티비티 덕분에 학습 효과까지 챙길 수 있는 서비스였죠. 기획부터 교육 회사와 함께 진행한 덕분에 현재의 실력을 명확하게 알 수 있는 사전 테스트가 있었고, 학습 관리 체계인 LMSLearning Management System가 꼼꼼하게 설계되어 있어서 지치지 않으면서도 단계적으로 실력을 업그레이드해 나갈 수 있었어요. 스테이지를 클리어할 때마다 별이 반짝반짝 빛나고, 별을 모아 우주를 밝히는 콘셉트로 구성되었는데, 저희 아이는 별 모으는 재미에 푹 빠져 최고점인 5,000점 이상 획득하고도 계속 더 하자고 조를 정도였죠. 성우 녹음과 아이의 목소리를 믹스하여 짧지만 나만의 영어 영상도 만들 수 있었어요. 이처럼 요즘의 디지털 학습 앱들은 흥미를 유지하는 다양한 장치와 학습 효과를 기반으로 설계되어 지속적으로 학습을 유지할 수 있도록 도움을 줘요.

AI 영어 학습에서 기본적으로 제공하는 것이 음성 인식 기술이에요. 아이 발음 및 유창성을 평가해 주고 개선에도 도움을 줘요. △억양 정확성 △분절 정확성 △발화 속도 △강세와 리듬을 따져 발음을 평가해 주고, 원어민의 발음과 내 발음이 어떤 부분에서 차이가 나는지 그래프로 한눈에 비교해 보여 주기도 해요. 어떤 점을 개선하면 좋을지 바로 알 수 있지요. 부족한 부분을 계속해서 다시 할 수 있는 것도 장점이고요. 저희 아이는 AI 서비스를 개발하는 엄마의 가장 가까운 실험 대상(?)이 되어서 다양한 영어 학습 앱을 경험해 보았어요.

참 신기하게 아이는 대부분의 디지털 학습 앱을 좋아했어요. 매번 더 하고 싶다고 시간을 연장해 달라고 할 정도였어요. 자신이 따라 말하거나 대답한 부분이 정확하게 인식되고, 그걸 바탕으로 피드백이 주어지니 정말 대화하는 것 같은 느낌이 든다고 하더라고요. 예를 들어 발음 평가에서 최고점(Excellent)을 받기 위해서 무한히 반복해서 따라 말하기도 하고, 번갈아 가며 말하는 롤플레잉에서는 원어민의 말투를 똑같이 흉내 내기도 하고요. 랭킹에서 좋은 순위를 받고 싶어서 하루 학습 분량을 초과해서 계속 더 하고 싶어 했어요. 자신의 캐릭터를 예쁘게 꾸며 주고 싶어서 높은 점수를 주는 퀘스트에 도전하는 것도 주저하지 않았죠. 특히 EBS에서 제공 중인 'AI 펭톡'은 아이들이 좋아하는 캐릭터 '펭수'가 재밌게 영어 회화를 알려 줘서 7세 이전에 가장 꾸준히 했던 앱이에요. 누구나 다운받아 무료로 이용할 수 있고, 발화 효과 등도 검증되어 추천하는 프로그램이에요.

다만 주의점도 있어요. 아이들의 발음이 아직 명확하지 않은 부분이 있기 때문에 너무 일찍 디지털 기기로 음성 인식 또는 학습을 했을 때 부적절한 피드백으로 학습에 방해가 되거나 학습 정서를 일부 해칠 수도 있다고 생각해요. 아이는 분명 잘하고 있는데 음성 인식이 되지 않아 틀렸다고 하거나 다시 말해 달라고 반복적으로 나오면, 학습 지속이 어렵거나 하기 싫어질 수도 있으니까요. 6~7세 이상 되면 발음이 보다 분명해지고 대부분 영어 인식은 한국어보다 훨씬 잘 되기 때문에 학습에 활용해도 큰 무리가 없다고 생각됩니다.

'전체 이용 가' 믿지 말고
직접 살펴봐 주세요

미디어 효과 중에 '문화 배양' 이론이 있어요. 장기간 본 영상이 사람들의 인식과 태도, 가치에 영향을 미친다는 거죠. 특히 영상을 많이 보는 중시청자는 경시청자보다 영상이 묘사하는 폭력을 더 현실적인 것으로 받아들이고, 사람들을 덜 믿고, 현실 세계에 대한 인식도 보다 부정적인 것으로 나타났어요. 아무래도 영상에서 묘사하는 세계는 '선택'적으로 '재현'된 내용이기 때문에 현실에 비해 폭력의 빈도가 잦고, 폭력의 성격 또한 자극적이고 공격적인 내용을 포함하고 있기 때문이죠.

이처럼 미디어 속에서 표현되는 폭력적이고 선정적인 내용으로부터 어린이를 보호하기 위해서 방송이나 게임 등은 시청 또는 이용 등급을 매깁니다. 미디어 콘텐츠에 포함된 유해한 요소에 지속적으로 노출되면 이용자들의 태도나 신념, 가치 등에 부정적인 영향을 끼칠 수 있기 때문이죠. 성장 과정에 있는 어린이들의 정서적인 안정과 건전한 인격 형성을 위해서는 미디어가 전달하는 콘텐츠의 질에 관심을 기울여야 해요. '전체 이용 가니까 괜찮겠지' 하는 마음을 내려놓고 직접 콘텐츠를 살펴보는 습관을 들이셨으면 합니다.

TV 방송 콘텐츠는 시청 연령을 표기하게 되어 있어요. 주제, 폭력성, 선정성, 언어 사용, 모방 위험 등의 유해 정도를 고려해서 방송사가 자율적으로 방송 등급을 부여합니다. △ 모든 연령 시청 가 △ 7세 이상 △ 12세 이상 △ 15세 이상 △ 19세 이상 시청 가 등 5단계로 분류되지요. 방송사는 프로그램 시작 전에 해당 프로그램의 등급을 등급 기호와 함께 화면의 1/4크기 이상 자막 형식으로 5초 이상 고지하도록 되어 있어요. 어린이, 청소년 보호 시간도 별도로 정해져 있어요. 평일은 7~9시, 13~22시이며, 토요일과 공휴일, 방학 기간에는 7~22시가 청소년 보호 시간으로 설정돼 있습니다. 이 시간에는 19세 이상 시청 가로 분류된 프로그램은 방송이 금지되고, 예고편도 내보낼 수 없습니다. 주류를 포함한 콘텐츠와 광고도 마찬가지고요.

영화와 비디오에 대한 등급은 영상물등급위원회가 담당하고 있고 △ 전체 관람 가 △ 12세 이상 △ 15세 이상 △ 청소년 관람 불가 △ 제한 상영 가로 분류됩니다. 영화의 등급은 주제, 선정성, 폭력성, 대사, 공포, 약물, 모방 위험 등 7가지 요소를 연령과 함께 표시하도록 되어 있어요.

게임과 애플리케이션(앱)도 이용 등급이 있어요. 게임은 게임산업진흥에 관한 법률에 따라 유통 및 배급 전 게임물관리위원회의 등급 분류를 받아야 합니다. △ 선정성 △ 폭력성 및 공포 △ 범죄 및 약물 △ 언어 △ 사행성 등 5가지 요소를 종합적으로 고려해 △ 전체 이용 가 △12세 이용 가 △15세 이용 가 △ 청소년 이용 불가로 나뉘어져요. 앱은 스토어마다 차이가 있지만 대부분 국제등급분류연합IARC의 기준을 준수하여 등급을 매깁니다.

자칫 체계적으로 보이는 영상과 게임, 앱의 등급 체계에도 많은 오류가 있어요. 먼저 영상의 경우 콘텐츠를 방송국과 같은 기관이 아니라 개인이 자유롭게 제작, 생산할 수 있는 오늘날의 환경에서는 실효성에 의문이 생길 수밖에 없어요. **유튜브 콘텐츠 등은 심의와 규제를 하는 기관이 별도로 없는 데다가, 대부분 사전 심의가 아니라 사후 조치의 형태이기 때문에 문제가 발생한 이후에 대처할 수 있습니다.** 개별 영상에 대한 시청 등급이 없기 때문에 스스로 잘 선별해서 봐야 하고, 그렇기 않으면 선정적이고 폭력적인 콘텐츠에 노출될 위험이 아주 높습니다.

그래서 나온 것이 유튜브 키즈 같은 어린이 전용 앱이지요. 아이들이 안전한 환경에서 스스로 탐색하며 흥미를 키워 갈 수 있을 거라고 기대하실 지도 모르겠습니다. 하지만 이 안전 장치 역시 완전하지는 않습니다. 실제 유튜브 키즈 사이트도 자동 필터의 허점을 시인하고 있어요. 자동 필터가 미리보기 이미지, 제목 등을 검사하지만 모든 동영상을 직접 검토하지는 않기에 부적절한 콘텐츠에 노출될 여지는 항상 있습니다. 다음은 유튜브의 안내 문구입니다.

"유튜브는 어린이에게 적합하지 않은 콘텐츠를 배제하기 위해 최선을 다하고 있지만, 모든 동영상을 하나씩 직접 검토하기는 불가능하며 자동 필터 시스템에 허점이 있을 수도 있습니다. 유튜브 키즈에 부적절하다고 생각하는 콘텐츠가 있다면 신속한 검토를 위해 신고해 주세요."

물론 '신고'하더라도 영상이나 채널이 바로 삭제되는 것은 아닙니다. 여러 번 신고한다고 앱에서 삭제될 가능성이 더 높아지는 것도 아닙니다. 신고된 영상은 유튜브의 별도 검토를 걸쳐서 삭제 여부가 결정됩니다. 로그인된 상태에서 '신고'하면 자동으로 '차단' 되어 해당 계정으로 시청시에는 노출이 되지 않지만, 유튜브 전체에서 삭제된 것은 아니기 때문에 유의해야 합니다.

무엇보다 아이의 성향과 가정 환경에 따라 시청에 적합한 콘텐츠의 기준이 달라질 수 있습니다. 욕설이나 직접적인 폭력이 나오지는 않지만, 다른 사람을 교묘하게 비하하는 표현이 포함될 수도 있고요. 묘사의 방식이 지나치게 구체적이거나 아이가 오해할 만한 내용을 포함할 수도 있어요.

저희 아이는 영상 자극에 민감한 편이었어요. 너무 큰 소리가 나거나 생생하게 묘사되면, 콘텐츠 전체의 내용보다는 자극적인 내용에 몰두해서 금세 울거나 겁에 질리기도 했지요. 분명 전체 연령 가 영상인데도 불구하고 아이가 느끼기엔 무섭다고 한 것들도 종종 있었어요. 예를 들어 아이는 5~6세 때 공룡을 아주 좋아했어요. 100개 정도의 공룡 카드를 보고 줄줄 외울 정도였죠. 공룡 영상을 보여 주면 더 좋아하지 않을까 해서 공룡 영화를 보여 준 적이 있어요. 분명 전체 연령 가였는데도 아이는 너무 무서워했어요. 공룡이 싸우는 것도 아니고 잡으러 오기만 했는데도 "티라노사우르스에 쫓기는 것 같은 기분을 느꼈다"고 했어요. 실재와 영상에 대한 구분이 어려운 나이다 보니 작은 갈등이나 위협도 어른보다 더 강력하게 느낀 거죠.

미취학 어린이들에게만 해당되는 이야기가 아니에요. 초등학생뿐만 아니라 어른이 되어서도 부적절한 콘텐츠는 그 잔상이 오래 남습니다. 맘카페에도 초등 고학년인데 학교에서 보여 준 무서운 영상 때문에 잠을 못 잔다는 아이들의 사례가 종종 올라옵니다. 유명 소아 정신과 전문의는 「신비아파트」를 보고 병원을 찾아오는 아이들이 많다고, 시청에 주의가 필요하다고 경고하기도 했어요. 실제 시청 연령은 12세 이상이나 시청층 대부분이 미취학 어린이 또는 저학년이라고 합니다. 맘카페나 인터넷 커뮤니티를 보면 "6세에 보기 시작했다", "5세도 좋아한다", "7세인데 이제 시시해서 안 본다"는 내용도 있고요. 저는 아이가 7세 때 같이 본 적이 있어요. 원한을 품고 죽은 귀신의 아픔을 해결해 주는 내용이었는데, 전체적으로 으스스한 분위기가 계속 긴장을 불러일으켜서 아이와 안고 보다가 도저히 안 되겠다 싶어 TV를 껐던 기억이 있어요. 기본 콘셉트가 공포 애니메이션이다 보니 죽음, 원한, 복수 등이 주로 나와요. 적절한 나이에 이런 자극은 갈등을 이겨 내는 힘을 기르기도 한다고 해요. 공포나 긴장을 간접 경험하면서 내가 갖고 있는 불안을 마주하고 극복하는 일종의 발달 과정 중 하나로, 너무 염려하지 않아도 된다고 보는 관점도 있지요. 하지만 이것 또한 기본적인 시청 연령 준수가 바탕이 되었을 때의 이야기입니다.

아이들은 어떤 것들이 잘못된 것인지 구분하는 것도 아직 어려운 나이예요. 폭력적인 장면이 나오더라도 그것을 왜 하면 안 되는지 모를 때도 많아요. 실컷 때리고 나서 웃음으로 마무리하는 영상이 있다고 합시다. 그러면 아이들은 그게 재밌다고 생각할지도 모르지요. 영상의 전체 내용이 아니라 일부의 장치를 보고 잘못된 판단을 할 수도 있고요. 전체 연령 가의 게임이나 콘텐츠도 등급을 조금 주의 깊게 봐야 하는 것도 그러한 이유 때문입니다.

한번은 저희 아이가 한 살 많은 사촌형과 놀고 난 후 '냥코대전쟁'이라는 게임을 본인도 할 수 있게 해 달라고 했어요. 저희는 부부가 먼저 게임에 대해 살펴본 다음, 설치 여부를 아이와 이야기해요. 제가 먼저 앱스토어에 가서 앱의 기본 정보를 살펴보았어요. 전체 이용 가로 나왔고 초등학생 저학년이 많이 하는 게임이고 출시된 지 10년 가량 된 전통 있는(?) 게임인가 하는 생각도 들었어요. 그럼 허락해 줄까 싶은 마음이 들었죠. 제가 평소에 게임을 하지는 않아서, 그 또래에는 많이 하는 건가 싶었죠.

하지만 남편 생각은 전혀 달랐어요. 직접 게임하는 영상을 찾아 보더니 초등학교 1학년이 하기에 너무 폭력적이라는 겁니다. 이 게임은 대표적인 '디펜스 게임' 중 하나인데, 방어한다는 뜻처럼 누군가 공격을 하면 효율적으로 막아 내는 것이 게임의 목표예요. 누군가 흠씬 두들겨 패고, 막고 하는 게임입니다. 이런 디펜스 게임이 모두 잘못되었다는 것은 아닙니다. 하지만 여기서 주의해야 하는 것이 실제 게임물관리위원회가 내린 등급은 '12세 이용가'인데 앱마켓에는 전체 이용 가로 올라와 있다는 거예요. 구글

플레이스토어에는 3세 이용 가, 애플의 앱스토어에서는 4세 이상 이용 가로 되어 있어요. 게임 등급 분류에서 전체 이용 가는 △선정적인 내용이 없고 △폭력, 혐오, 공포 등의 요소가 단순하게 표현되었으며 △범죄 및 약물의 내용이 없고 △저속어나 비속어 사용이 없으며 △사행 행위 묘사가 없거나 사행심 유발 정도가 청소년에게 문제가 없는 경우로 판단되는 콘텐츠입니다. 반면에 **12세 이상 이용 가는 선정성, 폭력성 및 공포, 범죄 및 약물, 언어, 사행성 정도가 경미하게는 포함된 것을 말합니다.** 유해한 요소가 조금이라도 있고 없는 것은 아주 큰 차이지요. 저도 그 이후에 사용자가 직접 리뷰한 것을 찾아보거나 다운받아 직접 해 보는 식으로 게임에 대해서 알아보는 습관을 들였어요. 부모가 게임을 같이 하면 아이가 중독에 빠지지 않는다는 말이 있는데, 그만큼 게임에 대해서 부모가 잘 알아야 한다는 것을 보여 주는 말이지요.

아이들에게 시청 및 이용 연령 준수는 너무나도 중요합니다. 부모가 관심을 갖고 살펴봐야 해요. 아이들은 아직 현실 세계와 디지털 미디어가 보여 주는 영상의 세계를 정확히 구분하기 어렵기 때문에 연령에 적합한 것, 우리 아이에게 적절한 것을 보여 주어야 해요. 또 콘텐츠나 게임을 이용하기 전후에 아이와 꼭 이야기를 나누어야 해요. 부모는 영상과 게임에서 보여지는 세계와 현실 세계를 연결하는 징검다리가 되어 주어야 합니다.

유튜브 키즈 설정,
꼭 해 주세요!

대부분의 디지털 플랫폼에서는 어린이 전용 앱이나 메뉴를 제공하고, 키즈 전용 설정도 있습니다. 필터링 형태로 제공되다 보니 다소 불완전한 측면도 있지만 최소한의 어린이 보호 장치는 부모가 직접 알아보고 설정해야 합니다. 처음 한 번이면 될 키즈 전용 설정을 놓치고 아이들에게 스마트폰을 넘겨 버리면, 아이들은 인터넷의 바다에서 길을 잃게 될 거예요. 유튜브에서 영상을 시청하기 전 부모가 해야 할 일을 살펴보고 꼭 설정해 주세요.

첫째, 유튜브 키즈로 접속합니다.

유튜브 키즈는 유튜브에서 아동에게 적합하지 않은 것들을 제외한 버전의 앱입니다. △유아 및 미취학 아동(만 4세 이하 대상) △저학년 아동 (만 5~8세 대상) △고학년 아동(만 9~12세 대상)과 같이 3가지 콘텐츠 설정을 할 수 있습니다. 아이에게 적합한 연령을 선택해 주세요. 로그인을 해야 보다 정확하게 자녀 정보를 세팅할 수 있고, 부적절한 콘텐츠가 있을 때도 신고, 차단이 즉각적으로 이뤄지기 때문에 로그인하고 이용하는 것을 추천드립니다. '자녀 프로필'에서 자녀 연령을 설정하면 이용 콘텐츠뿐만 아니라 광고 등도 그에 맞는 것이 노출되기 때문에 프로필 설정도 꼭 해 주세요. 어떤 분들은 개인 정보 노출 등을 걱정하며 이런 설정 메뉴들을 꺼리기도 하는데, 그런 우려보다 아이들이 유해한 콘텐츠에 접속하는 것이 더 위험하지 않을까요? 영상을 보여 주기로 하셨다면 최소한의 자녀 정보 설정을 먼저 해 주세요.

둘째, 자동 재생 사용을 중지해 주세요.

대부분의 동영상 플랫폼의 목적은 이용 시간을 늘리는 것입니다. 회사의 입장에서는 체류 시간을 늘려야 광고 등의 수익을 낼 수 있지요. 그러다 보니 동영상의 기본 설정이 자동 재생으로 되어 있습니다. 내가 굳이 끄지 않는다면 동영상이 무한으로 플레이되지요. 꼭 설정 메뉴에 들어가서 자동 재생 '사용'을 '사용 중지'로 바꿔 주세요. 더 보고 싶은 영상의 유혹을 조금이나마 줄여 주는 장치 중 하나입니다. 유튜브뿐만 아니라 대부분의 동영상 플랫폼은 자동 재생이 기본 설정으로 되어 있어요. 다른 사이트나 앱에서도 꼭 설정에 들어가서 '해제' 또는 '사용 중지' 등을 눌러서 자동 재생이 되지 않도록 해 주세요.

셋째, 타이머를 설정해 주세요.

영상 시청을 할 때 아이와의 구두 약속보다는, 눈에 보이거나 직접적으로 알 수 있는 장치를 활용하라고 말씀드렸는데, 유튜브에 내장된 타이머를 쓰는 것도 좋은 방법입니다. 앱 페이지 하단에 있는 '자물쇠' 그림을 탭하여 타이머를 선택해 줍니다. 1분 단위로 시간을 설정할 수 있고, 약속한 시간이 되면 "약속한 시간이 다 됐어요!"라고 하단에 알림이 표시되고 앱이 잠기게 됩니다. 영상을 볼 때 이런 습관이 자리 잡게 되면 나중에는 보다 자율적으로 시간 약속을 지킬 수 있게 됩니다.

넷째, 광고에 대해서 알려 주세요.

광고가 나오지 않는 유료 상품인 유튜브 프리미엄이 있지만 월 1~2만 원 상당의 비용이 부담스럽기도 하지요. 아이가 영상을 많이 보는 편이 아니라서 돈을 내고 가입할 필요성을 못 느낄 수도 있고요. 잠깐의 광고만 시청하면 되니까 괜찮다고 생각하는 부모님들도 많고요. 애초에 유혹에 빠지지 않도록 그런 환경을 차단해 주는 것이 가장 좋지만, OTT가 넘쳐나는 시대에 모든 플랫폼을 유료로 이용하는 것도 쉽지 않지요. 그렇다면 광고가 어떤 역할을 하는지 아이들에게 알려 주는 것이 좋습니다. 정보를 제공하기도 하지만, 사람들에게 무언가를 갖고 싶게끔 하는 것이 광고라고 알려 주고, 꼭 필요한 것인지 생각해 보는 기회를 주세요.

다섯째, 아이 시청 전용 리스트를 만들어 보세요.

아이가 어릴수록 양질의 콘텐츠를, 부모가 내용을 충분히 아는 콘텐츠를 보는 것이 중요해요. 그러려면 리스트를 별도로 만드는 것도 도움이 됩니다. 유튜브에서 자녀의 프로필을 설정하고 설정 수정을 눌러서 △ 콘텐츠 직접 승인을 선택해 주세요. 개별 동영상이나 전체 채널, 컬렉션 단위로도 추가할 수 있고 언제든지 수정 가능합니다. 별도 리스트 작업을 해 두면 확실히 안전한 환경에서 아이가 영상을 보게 되고, 보고 싶은 영상이 있어 추가할 때도 그 이유를 부모와 상의하고 이야기 나눌 수 있습니다.

4장

8~10세 미디어 보기, 이렇게 '대화'해 주세요

규칙이 전부다!
규칙은 대화의 부산물

7세까지 적절한 미디어 제한과 가정 내 일관된 미디어 규칙이 있었다면, 8세 이후 초등기는 미디어 활용에 날개를 달 수 있는 시기예요. 학습에도 일상에도 디지털 미디어의 도움을 적극적으로 받고 또 잘 활용할 수 있지요.

초등 저학년인 저희 아이는 주중에는 영어와 스페인어, 체스, 과학 수업을 온라인으로 듣고 있어요. 실시간 화상 수업도 있고, 인터넷 강의, 앱 프로그램 등을 다양하게 학습에 활용하고 있어요. 영어 영상은 교육 목적으로 하루 30분 정도 보고, 우리말 영상은 주중에 1회, 주말에 1회 아이가 보고 싶은 예능 프로그램으로 함께 시청해요. 아이가 가장 좋아하는 시간은 모바일 게임 시간인데, 주말에 1시간만 정해진 게임을 할 수 있어요.

초등학생이 되었다고 갑자기 자기 조절력이 생겨 동영상을 제한 시간만 딱 보고 끄고, 게임은 근처에도 안 가고, 앱 학습을 마냥 즐거워하고 그런 것은 아니에요. 여전히 유튜브를 더 보고 싶어 하고, 게임 시간은 어떻게 하면 더 늘릴 수 있는지 궁리하는 것은 똑같아요. 다만, 이 시기에는 그동안 부모 주도로 이루어지던 미디어 규칙에 아이의 의견을 점차적으로 반영해 나가야 한다는 점이 달라요.

초등기에 이른 아이는 끊임없이 미디어 규칙에 대해 '제안'을 해 옵니다. 저희 집은 일주일에 1시간, 주말에 태블릿 PC로 게임을 할 수 있어요. 새로운 게임을 설치하려면 엄마, 아빠의 검토를 거쳐야 하고요. 저희 아이는 게임 정보를 어떻게 입수(?)하는지 거의 매주 새로운 게임의 이름을 대며 설치를 해 달라고 협상을 시도해요. 초등학생이 되니 꽤나 논리적이에요. "선우는 숙제만 끝내면 하루 종일 유튜브 봐도 된다는데 우리 집도 규칙 바꾸면 안 돼요?", "FC모바일은 요즘 애들 다 하는데 나도 하면 안 돼요?", "3학년이 되면 연락만 되는 핸드폰은 필요하지 않을까요?" "수학 단원 평가 만점을 맞으면 그 기념으로 게임 시간 조금 더 늘려 주면 안 돼요?" 등 아주 구체적인 요구를 해 오기 시작합니다.

최소 일주일에 한두 번씩, 심지어는 안 된다고 말하고 돌아서 자마자 또 새로운 게임을 하게 해 달라고 말하기도 해요. 너무 자주 이런 협상을 해 와서, 저도 종종 '이제 초등학생이니 다 알아서 하라고 해야 하나' 또는 '한 번 정한 규칙은 변경 불가능이라고 못 박아야 하나' 고민이 될 때가 많았어요. '스마트폰을 아이에게 쥐여 주고 모른 척하면, 이런 속 시끄러운 협상을 안 해도 될 텐데' 생각할 때도 있었고요.

하지만 그럴 때마다 **'나는 아이랑 대화하는 사람이다'라고 되뇌었어요.** 여기서 이 문제를 놔 버리면 사실 앞으로 아이랑 나눌 이야깃거리도 없겠다고 생각하기도 했고요. 디지털 미디어에 관한 규칙은 아이의 일부분이 아니라 일상 전부와 관련이 있기도 하니까요. 디지털 미디어로 학습과 휴식을 모두 하는 아이들에게 미디어로 무엇을, 얼마나 할지를 정하는 것은 삶 전체를 설계하는 것과 마찬가지예요. 올바른 디지털 미디어 사용을 위해서는 규칙이 전부예요. 그 규칙은 대화의 부산물이고요. 부모와 대화가 잘 이뤄지면 아이의 생각이 반영된 미디어 규칙을 정할 수 있고, 그렇다면 지키는 것도 조금은 쉬워지지요.

우리나라 대표 청소년 유튜버 중 한 명인 '마이린'(본명은 최린, 채널명은 마이린)은 키즈 유튜버로 시작해 100만 명이 넘는 구독자를 모았고, 외국어고등학교에 진학해 학업과 유튜버 생활을 잘 병행해 나가고 있는 모습으로 많은 이들의 응원을 받고 있어요. 최근엔 연세대학교 입학 소식을 전했죠. 초등학교 2학년 때 교육용 게임인 마인크래프트를 하면서 유튜브를 처음 접하게 되었고, 본격적인 유튜브 채널 운영은 이듬해 시작해 무려 10년 동안 하고 있지요. 이렇게 꾸준히, 긍정적으로 유튜브를 지속할 수 있었던 비결은 '부모님과의 대화'였다고 해요.

마이린의 부모님은 각각 교육 공학, 아동학을 전공했고, 평소 '미디어 리터러시'에도 관심도 많았다고 해요. 마이린과 대화도 많은 편이었고요. 무엇보다 유튜브 크리에이터는 영상을 기획하고 편집, 제작하는 과정에서 창의성을 발휘할 수 있고, 미디어를 잘 이해하고 활용하면 사회에 대한 이해와 함께 아이의 성장에도 도움이 될 것이라는 확신을 갖고 계셨다고 해요.

부모님께서 디지털 미디어에 대한 편견 없는 시각을 갖고 있고 아이와 미디어에 대한 이야기도 많이 나눈, 그야말로 '미디어 리터러시의 정석'이라는 인상을 받았어요. 유튜브를 시작하기 전에도 마이린은 부모님으로부터 △온라인과 미디어 활동의 장단점 △사이버 세상의 문화, 특히 △악플에 대해서 많은 조언을 들었다고 해요. 부모님의 미디어 가이드, 무엇보다 꾸준한 대화가 없었다면 결코 10년 가까이 유튜브를 운영하기 어려웠을 거예요. 지금은 구독자가 늘어갈수록 영상 하나하나가 미칠 수 있는 긍정적, 부정적 영향을 판단해서 촬영하고 편집한다고 하고요. 시청층이 또래 청소년부터 그 부모님들까지 연령대가 확대되면서 영상의 영향력에 대해서도 늘 염두에 둔다고 해요. 긍적적인 활동 덕분에 국회 문화체육관광위원회가 주최한 '이달의 인플루언서' 시상식에서 국회사무총장상을 받는 등 훈훈한 수상 소식도 들려주고 있어요.

초등학생이 되면 디지털 미디어에 대한 경계가 확실히 옅어집니다. 초등 입학과 동시에 스마트폰을 갖게 되는 경우도 많고, 학습을 위한 디지털 기기나 앱 서비스 활용도 많아지는 편이고요. 이럴수록 아이와 더 많은 대화가 필요해요. 특히 디지털 기기를 사 주기 전에 또는 이용하기 전에 대화를 나누는 것이 중요해요. 준비 없이 디지털 미디어를 손에 쥐어 주는 순간, 더 이상 통제가 힘들어질 수 있습니다.

아이와 사전에 이야기를 나누는 것이 아주 중요하고 효과적이에요. 그러려면 디지털 미디어와 콘텐츠를 이용하기 전에 책임감 있게 사용하는 태도는 무엇일지 부모가 먼저 생각해 보아야 해요. 왜 필요하고, 얼마나 사용할 것인지, 부모로서 걱정되는 점과 잘 활용했을 때 기대하는 점 등에 대해 미리 생각해 본 다음 아이와 대화에 나서야 해요. 그 이후 아이와 디지털 미디어를 어떻게 쓸 것인지 대화를 나누면서 구체적인 우리 집만의 미디어 규칙을 세우면 됩니다. 이렇게 합의한 규칙을 바탕으로 디지털 미디어 이용 계약서를 쓰는 것도 추천해요. 이용 시각과 요일 등을 명시해 작성하고 상벌이 있다면 해당 사항도 구체적으로 포함해 주세요.

초등학생이 되면서는 주체적으로 미디어를 이용하는 방법에 대해서도 보다 깊이 생각해 보아야 합니다. 2025년부터는 초등 3학년을 시작으로 교실에서 디지털 교과서도 사용하게 되고, 일부 사립학교 등에서는 1인 1패드가 보편화된 곳도 많지요. 디지털 미디어를 활용하면 어떤 장단점이 있는지, 자신의 온라인 활동으로 발생할 수 있는 결과가 무엇인지 등을 신중하게 생각해 볼 시간을 주는 것도 아주 중요해요. 신중히 생각한 끝에 내린 결정이라면 아이의 의견도 존중해 줄 수 있어야 하고요.

미디어 리터러시의 시작은 규칙이에요. 그 규칙은 가족간 대화에서 비롯되고요. 아이가 초등학생이 되면 부모도 "안 돼"로만 일관하던 태도에서 벗어나 협상해 오는 아이들에게 더 귀를 기울이고 대화할 자세를 갖춰야 해요. 10세 이전에 부모와 대화하지 않으면, 10대 이후가 더 힘들어집니다. 관련 통계를 보면 초등 4~6학년은 미디어 사용이 절정을 이루어요. '2022년 10대 청소년 미디어 이용 조사'를 보면, 초등 고학년의 인터넷 이용시간이 1일 8시간(479.6분)으로 나타났어요. 어마어마한 수치죠. 깨어 있는 시간은 미디어와 함께한다고 해도 과언이 아니에요. 이 시간을 어찌 보낼 지가 아이의 인성과 학업에 엄청난 영향을 미칩니다. 숏

폼만 하루에 몇 시간씩 멍하니 보고 있는 아이가 있는가 하면, 디지털 미디어로 외국어를 마스터하거나 100만 유튜버가 되는 등 꿈에 한걸음 다가가는 아이도 있습니다. 아이들의 디지털 생활에 관심을 갖고 지속적으로 대화하는 문화를 꼭 초등 저학년 때 만들어 주세요.

미디어 보상,
이렇게 사용하세요

정도의 차이는 있지만 아동기는 '보상'에 민감해요. 내적 동기가 충분히 발달하기 전이기 때문에 작은 보상을 잘 활용하면 학습 효율도 크게 올릴 수 있어요. 보상이라고 하면 보통 물질적인 것들을 많이 생각하는데, 보상은 물질적인 것뿐만 아니라 '경험' 그리고 '정서'적인 것까지 포함합니다.

여기서 주의할 점이 미디어를 보상으로 사용하지 않아야 한다는 거예요. 무얼 잘하면 게임 시간을 늘려 주거나 영상을 더 볼 수 있게 해 주는 것은 절대 하지 않도록 합니다. 요즘 아이들의 미디어 집착이 엄청나기 때문에 미디어를 보상으로 걸었을 때 행동 제어가 쉬워집니다. "오늘 숙제 다 하면 게임 가능 또는 유튜브 자유"와 같이 보상을 정하면, 앞으로 미디어 보상 없이는 어떤 학습도 견디지 못하는 아이가 됩니다.

저는 미취학 때까지는 미디어 제어가 그렇게 어렵지 않았는데 (안 보여 주면 되니까요), 초등학생이 되고 나서 디지털 미디어를 학습에 적극적으로 활용하면서는 미디어 유혹에 흔들리는 아이를 붙잡기가 쉽지 않았어요. 아이는 공부하려고 태블릿 PC를 켰다가 게임 앱에도 슬쩍 들어가 보곤 했어요. 그런 아이에게 종종 "수학 문제집 다 하면 게임 시간 10분 추가, 숙제 안 하면 10분 차감" 같은 룰을 적용할 때도 있었어요. 남자아이라 그런지 초등생이 되더니 게임에 몹시 관심이 생겼고, 게임 시간을 늘려 주는 거라면 뭐든지 할 기세였죠. 그런데 어느새 모든 학습과 집안일, 심부름 등에 아이가 조건을 걸어오기 시작했어요. '아 이건 아닌데' 하고 깨닫는데 오래 걸리지 않았죠.

다시 아이와 많은 이야기를 나눴고, 가장 큰 보상은 '향상 그 자체의 기쁨'이라고 알려 줬어요. 나아지는 과정이 재미있는 거라고요. 뭔가 해냈을 때의 뿌듯함을 즐기는 거라고요. 대신 꽤 어려운 과제를 달성하거나 한 달 동안 무언가를 꾸준히 했을 때는 게임 시간 대신 아이가 좋아하는 만화책을 사 주거나 보드게임 카페에 가는 것으로 노력을 칭찬하기도 해요.

미디어 보상 대신 부모가 신경 써야 하는 건 '정서적 보상'이에요. 쉽게 말하면 따뜻한 말 한마디입니다. 우리는 아이들의 노력을 평가 절하하는 경향이 있는 것 같아요. 아이 입장에서는 최선을 다한 것일 텐데도 "조금 더, 더"를 외치죠. 아이들도 자신들에게 꽤나 가혹한 편이에요. 잘하고 싶은데 잘 안 되니까 화도 내고 짜증도 내지요. 쇄절감이 그면 아예 안하고 싶어 하기도 하고요. 이때 부모가 해 줄 수 있는 건 그 노력을 알아주는 거예요. 엉덩이 토닥여 주고 머리도 쓰다듬어 주고, 고생하고 애썼다고 말해 주는 거예요.

1학년 때 아이가 피아노 학원에서 하는 정기 연주회에 참여했어요. 아직 바이엘을 치는 아이인데 본인 수준보다 높은 연주곡을 받아 왔어요. 처음으로 검은 건반도 눌러야 하고 악보도 어려워 보였어요. 엇박자로 음을 눌러야 하는 것도 적응해야 하고, 연주회 전주에 일주일간 여행 계획도 있어서 연습할 시간도 충분하지 않은 것 같아 걱정이 이만저만이 아니었어요. 그럴 때 부모가 해 줄 수 있는 일은 열심히 '독려'해 주는 거예요. "연습하기 힘들지? 엄마는 양손으로 피아노 치는 것 자체가 너무 어렵더라고. 검은 건반도 척척 연주하는 모습 멋져"라고 말해 주면서 의지를 북돋아 줬어요. "피아노 선생님이 이거 어려운 곡이라고 했는데, 열심히 연습하니까 오늘은 더 아름다워졌네?"라고 말해 주면서요.

칭찬이 먹힌 덕분인지 금방 곡을 익혔고, 아이는 피아노 선생님이 "혹시 한 곡 더 연주해 볼래?"라고 하는 제안에 "네 도전해 볼게요" 하고는 베르디의 '축배의 노래'를 받아 왔어요. 체르니 근처에도 못 가 본 애가 오페라 '라 트라비아타'의 아리아를 연주한다니, 그것도 도전해 보겠다고 선뜻 말한 게 너무도 기특했지요. 연주회 앞두고 또 저희 부부는 열심히 격려해 줬고, 아이는 그것만으로도 신이 나서 연습을 했어요. 내적 동기가 생긴 것인지는 알 수 없지만, 도전하고 성취하는 기쁨을 느낀 것은 확실해 보였어요. 연주회 당일, 멋지게 수트를 입고 무대를 잘 마쳤어요. 작은 무대였지만 긴장하지 않고 실수 없이 무사히 연주를 해낸 모습이 정말 멋있었어요. 제가 해 준 건 말뿐이었는데도 말이죠. 그날 아이는 집에 와서 "역시 노력은 배신하지 않는다"는 말을 해 주었답니다.

'디지털 콘텐츠'로
덕질을 부추겨 주세요

단순한 취미라고 부르기에 부족할 정도로 어떤 것에 진심인 아이들이 늘고 있어요. 아이를 키우다 보면 남자아이들은 공룡이나 자동차에, 여자 친구들은 공주에 한번씩 빠지는 시기가 있다고 하지요. 유행처럼 지나가기도 하지만 꾸준히 그것들을 좋아하고 연구(!)하면서 취미를 넘어 특기로 살리는 아이들도 생겨나고 있어요. 이렇게 자신의 취향에 맞는 한 분야를 깊이 파고드는 행위를 디깅digging이라고 해요. 예전에는 오타쿠나 덕후라고 조금은 낮춰 부르는 말도 있었지만, 요즘은 이런 디거digger들을 전문가로 대우하는 긍정적인 분위기지요.

아이가 좋아하는 것을 더 좋아할 수 있도록 디지털 미디어를 활용해 보세요. 요즘은 콘텐츠가 넘쳐나는 시대예요. 좋아하는 것이 특별히 없고 취향도 없다면 여러 가지 정보가 홍수처럼 느껴질 거예요. 하지만 좋아하는 것이 명확하다면, 거센 파도에서도 멋진 서핑을 즐길 수 있습니다. **미디어보다 콘텐츠가 우선된 경험을 하면 미디어 중독에 빠질 위험도 거의 없습니다.**

아이를 키우다 보면 좋아하는 것이 생기면 무섭게 몰입하는 모습을 종종 관찰할 수 있죠. 저희 아이는 지금 체스가 그래요. 6세에 유치원에 있던 200쪽이 넘는 체스 책을 읽고 관심이 생긴 게 그 시작이었어요. 7세까지는 엄마, 아빠와 체스를 했는데, 어느 순간 우리보다 실력이 좋아져서 전문가의 도움이 필요했어요. 8세부터는 세계 체스 챔피언인 매그너스 칼슨의 지도를 받고 있어요. 앱으로 말이에요!ㅎㅎ 칼슨이 만든 체스 교육 앱이 있는데, 아이가 적극적으로 활용하고 있어요. 처음에는 체스 교재를 사 주었는데, 한 권에 1만 4,000원인 책을 하루에 한 권씩 풀어내서 한 달에 수십만 원을 썼어요. 방과 후 학교 체스 수업도 듣고 있었는데 선생님이 교재로는 안 되겠다며 앱을 추천해 주셨어요. 앱에는 교재 수백 권에 해당하는 내용, 무한에 가까운 퍼즐 문제들이 수록돼 있으니까요. 디지털 앱 덕분에 아이는 책→실제 경험→앱을 넘나들며 아주 즐겁게 체스를 하고 있어요. 그 덕분에 아직 초등 3학

년이지만 학교에서 체스를 가장 잘하는 학생이 되었어요:)

디지털 미디어로 아이의 경험을 확대해 주고 흥미를 북돋아 주는 것도 좋은 교육 방법이에요. 저희는 미디어 규칙뿐만 아니라 일상의 루틴을 정할 때도 제 생각과 아이의 의견을 나눠서 생활 계획표를 짜요. 특히 방학은 시간 여유가 있다 보니 잘해 보고 싶은 것 한두 가지를 정해서 꾸준히 지키려고 노력해요. 저는 어릴 때 외국어 공부만큼 효과가 좋고 필요한 것은 없다는 생각이라 외국어 공부를 같이 할 방안을 생각했는데, 아이는 의외로 수학과 과학을 더 공부하고 싶다고 말했어요. 문과 엄마라서 이런 흥미를 어떻게 발전시켜 줘야 하는지 약간은 난감했는데, 요즘 워낙 좋은 디지털 학습 플랫폼이 많아서 쉽게 도움을 받을 수 있었어요. '국과대표'로 불리는 선생님의 과학 수업을 신청해 줬는데, 수업을 듣더니 아이가 요즘 흥분 상태예요.

먼저 수업 10분 전이 되면 노트북과 공책을 챙기고, 알아서 수업 준비를 해요. 휴가 일정으로 실시간 수업을 듣기 힘든 날도 있었는데, "1시간이면 되는데 카페 가서 수업 듣고 싶어"라고 말할 정도였죠. 20명 정도 되는 친구들이 함께하는 줌 수업인데, 수업이 재밌으니 모두 집중도 잘해요. 흥미가 유발되니 질문도 쏟아지고, 선생님도 그 질문에 하나하나 애정을 담아 답해 주니, 그야말로 상호 작용이 완벽한 수업이더라고요. 엿듣고(?) 있던 저도 신기한 과학 지식이 많았고, 아이들의 기상천외한 질문(엄마 폭발과 빅뱅 중 뭐가 더 강력한가요? 벌새 1,000마리와 티라노사우르스가 싸우면 누가 이겨요? 등등)을 듣고 있노라면 아이들이 수업을 얼마나 재밌어 하는지 알 수 있었어요. 이렇게 신나는 수업을 집에서 편하게 들을 수 있다니, 디지털이 참 고맙다 싶었어요. 아이가 "엄마 이 수업 계속 듣고 싶은데, 학기 중에도 들을 수 있는지 알아봐 줘"라고 저에게 오더를 내리더라고요.

수업이 온라인이냐 오프라인이냐는 중요하지 않은 것 같아요. 상호 작용을 얼마나 잘하느냐가 수업의 질을 말해 준다고 생각해요. 면대면 수업을 해도 일방적인 주입식 교육이 이뤄질 수 있고, 원활한 소통이 안 될 때도 있으니까요. 온라인이라도 선생님이 아이들 질문을 편견 없이 들어주니 너도나도 신나서 손을 들어요. 수업을 듣고 나서는 스마트폰으로 QR 코드에 접속해 게임을 접목한 퀴즈로 내용을 복습하니 머리에 쏙쏙 들어오고요. 디지털 미디어가 소통을 이렇게 도울 수 있구나 싶어서 저도 배울 점이 많더라고요.

이 수업 덕분에 아이랑 대화도 많아졌어요. 저를 붙잡고 "곧 80년에 한 번 볼 수 있는 노바(Nova: 신성 폭발)가 있는데, 엄마 인생에 한 번밖에 못 보는 거니까 달력에 표시해 둬"(본인은 아직 어리니까 두 번은 볼 수 있을 거라는 말을 덧붙이기도……)라거나 "엄마, 투

구게의 피가 왜 파란색인 줄 알아?" 같은 질문을 해요. 과학 문외한인 엄마는 잘 모르니까 오히려 아이가 해 주는 말을 귀담아 듣게 돼요. 제가 잘 아는 분야면 제대로 알려 주고 싶은 마음에 일장 연설을 하게 되는 경우가 종종 있는데, 모르니까 오히려 아이 말을 듣게 되고, 그 덕분에 아이가 신나서 이야기하게 되더라고요. 역시 잘 듣는 게 좋은 상호 작용의 정석이다 싶었죠.

요즘은 아이들의 흥미를 북돋아 주는 온라인 수업이 아주 다양해요. 아이 연령이나 흥미에 맞춰 큐레이션을 해 주는 곳들도 많고, 해외 명문대 출신 선생님 등 다양한 경험과 배경을 가진 선생님들의 수업을 편하게 들을 수 있어요. 집에서 경험하는 프리미엄 교육 '꾸그', 세상의 모든 배움 구독 '클래스 101 키즈', 온라인으로 떠나는 미국 캠프 '아웃스쿨', 원어민 화상 영어 '캠블리키즈', '노바키드', '링글틴즈', '나오나우' 등 양질의 실시간 또는 VOD 수업을 제공하는 플랫폼이 점점 늘어나고 있어요. 앞으로도 아이의 흥미에 맞춰 '디지털 콘텐츠 덕질'을 응원해 주고 싶어요.

AI로 외국어 공부,
꼭 해 보세요!

요즘 대부분의 외국어 학습 앱은 AI를 기반으로 만들어져 있어요. 단순 음성 인식뿐만 아니라 장점, 취약점 분석은 물론, 대화까지 AI와 하는 시대에 접어들었어요. AI 영어 회화의 장점은 무한대로 대화가 가능하다는 점이에요. 전화 영어나 화상 영어는 횟수나 시간의 제한이 있지만, AI와는 지치지 않고 다양한 주제로 대화를 할 수 있고 대화 시간 대비 금액도 저렴합니다. 챗GPT(3.5)는 무료로도 이용할 수 있고요. 최근엔 영어 앱들이 AI와 주제별 대화(롤플레잉)에 이어 프리 토킹까지 제공해요. 음성 인식 기술이 날로 좋아져서 연속된 문장 인식도 너무 잘 되고, AI

가 어색한 문장을 실시간으로 교정해 주기도 해요.

AI 알고리즘을 장착한 앱으로 공부하면 기존 스피킹 앱보다 연습량이 10배나 더 많이 이뤄진다는 통계도 있어요(스픽 통계). AI의 도움을 받으면 외국어 말문을 트는 데도 아주 효과적이죠. 한국 사람들이 영어를 어려워하는 이유가 부끄럽기 때문이라고 생각하는데, 누군가의 기대를 충족시켜야 한다는 무언의 압박이 있는 것 같아요. 모르는 걸 모른다고 말할 용기도, 자신도 없지요. 그런데 AI에게는 확실히 부끄러움이 없는 것 같아요. 사람이 아니니까 정말 못해도, 똑같은 걸 다시 물어봐도 민망하지 않지요. 실제로도 통계를 보면, 사람들이 AI에게 말 거는 걸 훨씬 편해 한다고 해요. 미국에서 퇴역 군인들의 외상 후 스트레스 장애PTSD 관리 목적으로 가상 인간과 상담을 하게 했더니, 사람보다 가상 인간에게 더 많은 비밀을 터놓았다고 해요.

한국 사람이 한국 사람에게 영어를 배우는 게 제일 어렵다고 하지요. 나는 그저 영어를 못할 뿐인데, 전체를 평가 절하당하는 것 같은 분위기가 있잖아요. 반대로 영어를 유창하게 하기만 해도 괜찮은 사람인 듯 평가받기도 하고요. 그런 점에서 확실히 AI와 대화를 하면 마음이 편해요. 나를 판단하거나 평가하지 않는다는 걸 알고 있으니까요. 무엇보다 끊임없이 실수하고, 같은 걸 수도 없이 물어봐도 늘 같은 톤으로 다정하게 알려 주고요.

롤플레잉으로 대화 패턴을 공부하기에도 AI 스피킹 앱들이 도움이 돼요. 롤플레잉은 주제와 상황이 정해져 있고 거기에 맞춰 회화를 공부하는 방식인데, 상황별로 자주 쓰는 표현이나 패턴 등을 자연스럽게 익힐 수 있는 장점이 있어요. 초등학생에게 가장 추천하는 영어 앱은 'AI펭톡'이에요. 교육부와 EBS가 함께 개발했고, 누구나 무료로 다운받아 사용할 수 있어요. 펭수와 일대일 영어 회화를 할 수 있고, 초등 교육 과정과 영어 교과서, EBS 교육자료 등에서 추출한 단어와 문장, 대화가 포함되어 있어요. 개인적으로 2년 정도 사용했고, 아이의 유창성이나 회화 자신감이 많이 올라갔어요. 국제적으로도 학습 효과가 인정돼 국제 학술지에도 사례가 실렸다고 해요.

외국어 학습은 이제 AI와 떼려야 뗄 수가 없게 되었어요. 저는 아이와 '듀오링고duoringo'로 스페인어 공부를 하면서 새삼 크게 느꼈는데요, 똑같은 프로그램으로 똑같이 주어진 스케줄대로 공부하고 복습하는데 아이와 저의 학습 계획과 진도가 다르더라고요. 개인 맞춤형으로 학습이 이뤄지다 보니 복습 내용과 빈도도 달랐고요. 약한 부분은 지속해서 학습할 수 있도록 문제를 제공하니 구멍 없이 고르게 실력도 키울 수 있었어요.

듀오링고는 대표적인 글로벌 학습 앱인데요, 전 세계 5억 명이상이 다운로드받았고, 월간 활성 이용자 수MAU가 8,800만 명에 달하는 세계 최대 언어 학습 플랫폼이에요. 해외 여행 갔을 때 지하철에서 듀오링고로 공부하는 외국인들을 많이 만나서 신기하기도 했어요. 생성형 AI인 GPT4를 적용하고 나서 사용자 수가 50퍼센트 가까이 증가했다고 해요. 특히 이용자의 80퍼센트 이상이 10~20대라고 해요. 이제 우리 아이들은 디지털 앱으로 학습하는 게 점점 너 보편화될 것 같아요.

얼마 전 온 가족이 스페인으로 여행을 다녀오면서 외국어 공부에 대한 동기 부여가 더 강해졌어요. 인사말 수준이던 스페인어를 더 잘하고 싶어서, 다양한 학습 방법을 찾아보게 됐고, 괜찮은 인터넷 강의가 있어서 아이와 함께 수강하고 있어요. 그런데 참 신기한 게 아이는 분명 녹화된 VOD인 걸 아는데도 매 수업마다 "엄마, 선생님이 나 보고 있는 건 아니지?" 하고 물어봐요. 실시간 수업이라고 느끼는지, 영상 속 선생님이 "오늘은 hablar 동사를 배워 볼 거예요. 따라 해 보세요. 'Yo Hablo un poco de español(저는 스페인어를 조금 해요.)'"이라고 말하면 "요 아블로 운 뽀꼬 데 에스빠뇰"이라고 곧잘 따라 해요. 열심히 하는 건 잘된 일이지만, 9세나 됐는데도 여전히 가상 세계와 실재를 헷갈려 하는 모습을 보면 디지털 세상에 아이를 방치하면 안 되겠다는 생각이 절로 들어요. 뇌 발달상으로도 전두엽 발달이 이뤄지는 초등 고학년에서 중학생 정도가 되어야 객관적인 구분이 가능해진다고 하니까요.

영어 공부의 끝판왕은 챗GPT입니다. 2021년 11월에 챗GPT(3.5)가 나와 세상을 깜짝 놀라게 하더니 23년에는 더 업그레이드된 챗GPT(4)가 공개됐어요. 인간인지 컴퓨터인지 구분할 수 없다는 튜링 테스트를 통과했다는 이야기가 돌 정도로 뛰어난 능력을 자랑해요. 실제로 누구나 쉽게 오픈AI 사이트에 가서 회원 가입만 하면 사용할 수 있는데, 한글로 입력해도 뭐든 대답해 주니 활용할 곳이 아주 많습니다. 한글로 된 문장을 영어로 번역해 주는 것은 물론이고, 영어 이메일의 작성과 수정을 맡겨도 척척입니다.

요즘 출시되거나 업그레이드된 영어 학습 앱은 대부분 GPT4를 기반으로 했다고 해도 과언이 아니에요. 예로 들었던 스픽speak과 듀오링고 모두 GPT4를 적용했어요. 그만큼 GPT의 영향은 절대적이에요. 기본적으로 GPT는 생성형 언어 모델이기 때문에 언어 학습에 가장 적용하기 쉽고, 또 잘 작동할 수 있어요. 언어 모델은 어떤 문장이 주어지면, 다음에 올 적합한 단어와 문장을 자동으로 생성해 내요. 인공 신경망Neural Network 기술이 발달하면서 확률값 계산이 보다 정확해졌고, 그 덕분에 마치 문장을 이해한 것과 같이 AI가 답변을 술술 할 수 있게 된 것이죠.

하지만 여전히 세부 주제별로 잘못된 정보를 사실로 우기거나 엉뚱한 이야기를 하는 할루시네이션이 발생하기도 해요. 성인들은 이런 오류를 금방 알아채고 "AI가 궤변을 늘어놓네" 정도로 여기고 넘어갈 수 있지만, 아이들은 판단이 어려운 경우도 있어요. 실제 챗GPT의 사용 가능 연령도 만 13세 이상입니다. 그렇기 때문에 외국어 공부를 위해서라면 연령에 맞는 전용 학습 앱을 쓰는 것이 더 좋고, 챗GPT를 이용한다면 부모와 함께 활용하세요. 대화 이력이 모두 남기 때문에 살펴보는 것을 권합니다.

'집중을 방해'하도록 설계된
미디어 알고리즘

웹 사이트나 스마트폰 등의 서비스를 사용자가 더 편리하게 이용하도록 설계하는 '서비스 경험 디자인'이라는 분야가 있어요. 사용자 경험UX과 사용자 인터페이스UI를 연구, 설계, 디자인하는 학문이지요. 예를 들어서 영어 실력을 늘리고 싶은 고객이 학습 앱에 들어와서 강좌를 선택하고 꾸준히 수강할 수 있도록 돕는 전 과정을 설계한다고 생각하시면 됩니다. 고객의 의사 결정과 문제 해결 과정이 원활하도록 디자인하는 거죠. 2020년에 우리나라도 한국디자인진흥원 주관의 국가 자격의 하나로 도입하였고 저도 AI 서비스 기획을 하면서 자격을 취득했어요.

실리콘 밸리 빅테크 기업들의 UX는 보다 전문적이고 노골적이에요. 무엇보다 고객들이 오래 머무를 수 있도록 다양한 방법을 강구합니다. 고객의 체류 시간은 회사의 이익과 직결되는 가장 중요한 요소이기 때문이죠. 요한 하리가 쓴 『도둑맞은 집중력』(어크로스)을 보면 충격적인 실리콘 밸리 개발자들의 증언이 쏟아집니다. "알고리즘은 때에 따라 다르지만 화면을 계속 들여다볼 정보를 보여 주는 것이 전부"라고 말해요. 그들이 버는 돈도 이용 시간에 따라 결정된다고 해요. 결국 디지털 미디어의 알고리즘은 "집중을 방해하도록 설계된다"고 말합니다.

요한 하리는 "디지털 미디어로 인한 산만함은 이미 전 세계인이 맞서 싸워야 하는 질병이 됐다"고 말해요. 문제는 주의력을 뺏긴 다음에 다시 집중하는데 걸리는 시간이 길어진다는 것이죠 어떤 사람이 일을 하고 있다가 문자 메시지를 받으면 읽고 답장하는데는 5초밖에 걸리지 않지만, 이전의 집중 수준으로 돌아가기 위해 평균 23분이 걸린다는 실험 결과가 있어요. 2023년 '이코노미스트 임팩트'가 지식 근로자의 집중력 저하가 미치는 영향에 대해 조사한 결과, 한국은 연간 135조 6,000억 원 상당의 경제적 손실을 입고 있다고 해요. 개인으로 치면 집중력 저하로 연간 558시간을 낭비하고 있고요. 1년에 한 달 정도를 날려 보내는 셈이죠.

문제는 스마트폰 자체가 아니라 스마트폰의 앱 또는 웹사이트가 설계되는 방식이에요. SNS나 유튜브의 알고리즘이 향하는 목표는 결국 고객의 시간입니다. 그 시간을 점유하기 위해 집중력을 방해하기 위한 여러 가지 방식을 도입하고 있고요.

첫째는 생각의 기회를 빼앗아 가는 '무한 스크롤'이에요. 본방송 위주에서 VOD로 옮겨가고, 이후 스트리밍 방식의 동영상 시청이 주가 되면서 무한 스크롤과 자동 재생이 당연시되고 있어요. 내려도 내려도 끝도 없이 재미있는 영상이 나오면서 체류 시간은 점점 늘어나지요. 2023년 우리나라의 유튜브 월 평균 시청 시간은 무려 998억 분이라고 해요. 전체 앱 중 이용 시간이 압도적 1위지요. 심지어 1년 전인 2022년과 비교했을 때도 100억 분 이상 시청 시간이 증가했어요. 이렇게 앱의 이용 시간이 매년 증가할 수 있었던 것은 무한 스크롤과 자동 재생의 영향이 커요. 예전에는 동영상 페이지가 구분되어 다음 페이지로 넘어갈지 말지 선택할 시간이 주어졌지만, 이제 그 시간과 기회를 뺏긴 거죠.

미국에서는 페이스북과 인스타그램을 운영하는 메타가 '무한 스크롤' 등의 기능으로 어린이와 10대에게 과도한 중독을 불러일으키도록 설계하였다며 40여 개 주 정부로부터 무더기 소송을 당하기도 했어요.

제가 일하는 곳에서도 전체 키즈 동영상에 자동 재생 기능을 넣을지 말지에 대한 논의가 있었어요. 자동 재생을 넣으면 이용 시간이 늘어나는 건 분명했고, 회사의 이익에도 도움이 될 것이 확실했죠. 다행히 저희는 그런 결정을 하지 않았고, 정해진 동영상이 모두 플레이되면 종료되도록 했어요. 자동 재생되는 일부의 시리즈 콘텐츠에도 중간에 '중지' 또는 '홈으로 돌아가기' 화면을 넣어서 선택할 수 있도록 했고요.

무한 스크롤 기능을 개발한 아자 래스킨은 미국의 IT 비영리 단체를 설립해 '인터넷에 정지 신호를 복원하자'는 운동을 펼치고 있어요. 아이들과 부모에게, 또 모든 사람들에게 잠깐의 생각하는 시간을 주는 것만으로도 미디어 조절력을 기르고 집중력을 키우는 데 아주 큰 도움이 되기 때문이죠.

두 번째는 '부정적인 정보'를 일부러 더 자주 노출한다는 거예요. 유튜브 알고리즘이 좋아하는 검색어는 '증오', '말살', '혹평', '파괴'라고 합니다. 분노를 불러일으키는 단어를 하나 추가할 때마다 리트윗(공유) 되는 비율이 평균 20퍼센트 증가하기도 하고요. '공격', '나쁜', '비난'이라는 단어를 한꺼번에 쓰면 리트윗 비율이 급격히 올라간다고 합니다. 체류 시간을 늘리는 것이 지상 과제인 플랫폼에서는 분노를 많이 일으키는 콘텐츠가 알고리즘의 선택을 받습니다. 화나고 자극적인 영상일수록 좋아요나 댓글의 참여도가 높아지고, 공유 횟수가 늘어나면서 인기 콘텐츠가 될 확률이 높기 때문이죠. 이러한 현상을 '증오의 습관화'라고 부릅니다. 사람들은 기쁜 일보다 분노를 불러일으키는 일에 더 관심이 많아요.

이러한 부정 편향은 우리 뇌의 타고난 특성이에요. 스웨덴의 정신과 의사인 안데르스 한센이 쓴 『인스타 브레인』(동양북스)을 보면, 우리 뇌는 수만 년이 지나도 여전히 "사바나 수렵 채집인의 뇌"라고 해요. 사자와 같은 포식자들에게 잡혀 먹지 않으려면, 생존의 위협이나 분노에 즉각적으로 반응할 수밖에 없다는 거죠. 인간이 부정적인 정보에 민감한 것은 타고난 생존 본능이라는 겁니다. SNS가 크게 성장하게 된 것도 이런 효과 덕분이고요. 본능에 따라 행동하는 게 뭐가 잘못이냐고요? 우리를 자주 화나게 하고 이분법적으로 사고하게 되는 걸 멈추고 조금 더 '생각'하게 하는 사회가 더 살기 좋은 곳 아닐까요?

마지막으로 디지털 미디어가 '인정 욕구'를 부추긴다는 점이에요. 누군가에게 잘 보이기 위해서 무엇을 하는 건 괴로운 일이에요. 분명 나는 즐거운 일이었는데 다른 사람이 별로였다고 한마디만 해도, 내가 겪었던 일 자체가 종종 의미 없는 것처럼 느껴지기도 하니까요. 온라인에서 하트와 좋아요는 모든 것을 평가의 대상으로 만들었어요. 상대의 반응과 잦은 보상에 길들여지게 만들었지요. 경험과 지식의 공유, 순간의 기록, 사람들과의 연결을 목적으로 했던 초기 목적과 달리 이제 SNS는 비교를 통한 우울의 장으로 여겨지기도 해요. 특히 아동, 청소년에게 그 영향이 막대

하지요.

앞서 미국의 40여 개 주에서 메타를 고발한 주요 이유는 "좋아요나 사진 보정 필터가 비교를 부추겨 10대들의 정신 건강에 부정적인 영향을 미치거나 신체 이상 증상을 유발한다"고 보았기 때문이에요. 소셜 미디어를 많이 사용할수록 정서적 안정과 정신 건강에 부정적 영향을 준다는 연구가 많이 있어요. 사회성이 부족하거나 우울 증상이 있는 사람들이 소셜 미디어를 보면 기분이 더 우울해진다고 하고요. 반대로 우울 점수가 높은 학생들에게 소셜 미디어 시간을 하루에 10분씩이라도 줄이게 했더니 우울 증상이 눈에 띄게 개선됐다는 연구도 있어요.

요한 하리는 실리콘 밸리의 천재들이 "우리를 내침하는 방법을 학습한다"고 말합니다. 인간 본성에 근거한 다양한 심리적인 요소들을 녹여 내는 것은 물론이고, 우리가 무엇에 반응하는지 아주 구체적으로 파악해 조직적으로 집중력을 흩트려 놓고 있다고요. 어떤 것을 즐겨 보고, 무엇에 흥분하는지 익히고 우리의 취약점을 파악해 그 틈을 비집고 콘텐츠를 내놓지요. 우리가 스마트폰을 내려놓으려고 할 때마다, 가장 산만해지는 지점을 학습해 우리를 겨냥합니다. 우리 아이들도 그 타깃이 되는 것은 말할 것도 없고요.

미디어 중독,
끊어 낼 수 있을까요?

중독은 상상 이상으로 무섭습니다. 페이스북의 '좋아요'를 개발한 저스틴 로젠스타인은 SNS가 마약의 하나인 헤로인과 맞먹을 정도로 중독성이 강하다고 말하기도 했어요. 실제로 미디어로 인한 중독과 과의존이 점차 늘고 있어요.

미디어 과의존은 3가지 진단 척도를 통해 판별하는데, 첫째는 조절 실패예요. 내가 생각했던 것보다 디지털 미디어에 대한 자율적 조절 능력이 떨어지는 것을 말해요. 30분만 하려고 했는데 한 시간, 두 시간씩 이용하게 되는 것을 말하죠. 두 번째는 현저성이에요. 일상에서 디지털 미디어를 이용하는 생활 패턴이 다른 것보다 두드러지고 가장 중요한 활동이 되는 것을 말합니다. 셋째는 문제적 결과예요. 스마트폰이나 인터넷 등을 이용하면서 신체적, 심리적, 사회적으로 부정적인 결과를 경험함에도 불구하고 지속적으로 이용하는 것을 말해요. 이렇게 미디어로 인해서 일상생활에 어려움을 겪고 있는 스마트폰 과의존 군은 유아동에서 약 30퍼센트, 청소년 중에서는 약 40퍼센트에 이릅니다. 스마트폰 과의존 비율이 유아동에게도 빠르게 높아지고 있고, 스마트폰을 처음 접하는 시기가 점차 낮아지면서 심화되고 있어요. 미디어 과의존은 미래 세대의 큰 걱정거리예요.

전문 기관의 도움이 필요한 수준을 의미하는 '위험 사용자군'도 3만 명이 넘었어요. 위험 사용자군은 일상생활에서 심각한 장애와 금단 현상을 겪고 있는 경우를 말해요. 스마트폰 없이는 한 순간도 견디기 힘들다고 느끼는 정도이지요. 2023년 조사에서는 처음으로 중1, 고1 학생을 대상으로 '사이버 도박 조사'를 실시했는데요, 온라인으로 돈내기 게임을 하고 그 중독이 위험 정도에 이르는 청소년이 3만 명에 육박했어요. 사이버 도박에 중독된 아이들의 절반은 이미 스마트폰과 인터넷 사용도 중독 수준이었고요.

빌 게이츠가 14세 이전까지는 자녀들에게 휴대전화 사용을 금지하고, 스티브 잡스도 자녀에게 디지털 기기 사용을 엄격히 제한했다는 것은 널리 알려져 있어요. 위험성을 그 누구보다 잘 알기 때문에 더 강력한 제재를 한 것이죠. 자녀에게뿐만 아니라 그들 스스로도 마음 챙김, 명상 등을 통해서 끊임없이 집중력을 흩트려 놓는 디지털 기기로부터 멀어지려고 했어요. 실제로 메타나 구글에서 마음 챙김 워크숍 등이 무척이나 활발하게 열리고 있고요. 천재들이 모인 실리콘 밸리에서 가장 편리하고 혁신적이라고 불리는 기능과 서비스를 만들었지만, 그것들이 자신들의 삶도 옥죄고 있는 거죠.

디지털 미디어의 구조적 문제점을 자세하게 이야기하는 이유는, **미디어 중독이나 부정적 영향이 개인의 노력만으로 개선하기 어렵다는 점을 꼭 말씀드리고 싶어서예요. 미디어 산업이 점차 발달하면서 끊임없이 주의를 뺏기고 주체적인 의사 결정이 점점 어려워지고 있어요. 아이들이 혼자 자제할 수 있는 영역은 확실히 아니라는 거예요. 부모의 도움이 반드시 필요합니다.** 엉덩이 힘을 꽤나 기른 어른들도 미디어 제어가 어려운데, 하물며 아이들을 제한 없이 미디어에 노출하는 것은 너무나 위험해요. 사회적이고 정책적인 해결책에 대해서도 사회가 함께 고민해야 하고, 과의존 또는 중독까지 가지 않도록 가정 내에서도 교육해야 합니다.

가정 내 미디어 리터러시 교육은 너무나 중요해요. 아이들은 도움이 필요해요. 만 3세까지 영상 노출은 최대한 제한하고, 교육

177

적으로 활용할 때도 콘텐츠를 중심으로 항상 대화하도록 해야 해요. 미디어 자기 조절력은 '잠깐 멈추는 힘'이에요. 영상을 보다가 '어?' 하는 마음만 들어도 성공입니다. 스스로 정한 기준(시간이나 내용 등)을 지키려고 노력하고, 부적절한 콘텐츠를 만나면 부모와 이야기 나눠 보는 것이 미디어 리터러시를 기르는 과정입니다. 어릴 때 이런 교육을 충분히 받아야 해요. 전두엽이 발달하고 의지로 제어가 가능한 초등 고학년에서 중학생이 되기 전까지 충분히 보호하고 교육해서, 잠깐 멈추고 생각하는 힘을 길러 주세요.

광고에 대해서
이야기 나누세요

아이가 초등학생이 되고 가장 달라진 점은 게임을 하기 시작한다는 거예요. 저희 집은 주말에 1시간 게임을 할 수 있어요. 어떤 게임을 하고 싶은지 아이가 이야기하면 저희 부부가 사전에 검토해 보고 알려 줘요. 전체 연령 가인지, 폭력적이거나 선정적인 내용은 없는지, 광고가 계속 나오는지 등을 주로 살펴봐요. 특별한 문제가 없으면 설치하고 전체적으로 어떻게 구성되어 있는지 살펴본 다음, 아이는 게임을 할 수 있어요.

게임은 대부분 무료이지만, 캐릭터의 능력을 향상시키기 위해서 어떤 아이템을 구매하거나 광고 시청을 하고 힌트나 능력치 등을 대신 받곤 해요. 게임하는 것도 마땅치 않으니 당연히 유료로 구매해 주는 일은 잘 없어요. 그렇다 보니 광고를 자주 보게 됐어요. 요즘은 광고가 많이 진화해서 보기만 하는 게 아니라 실제로 모바일 게임을 한판 하도록 유도해요. 체험판을 마치면 "한판 더?" 하는 식으로 다운로드 페이지로 연결되고요. 이런 자연스러운 흐름 때문에 광고라고 느낄 틈이 없을 정도죠.

그럴 때마다 저희는 아이에게 광고가 어떤 역할을 하는지 알려 주고, 체험을 하고 나니 어떤 마음이 드는지 등을 물어보았어요. 먼저 광고는 정보를 제공하기도 하지만, 사람들을 '유혹'하는 기능이 있다고 말해 주었어요. 갖고 싶도록 만드는 역할을 한다고요. 곁들여 한자성어 '견물생심見物生心'도 알려 줬어요. 보기만 해도 갖고 싶고, 보기만 해도 먹고 싶은데, 우리가 좋아하는 사람들이 나와서 이야기하면 누구나 갖고 싶지 않겠냐고요. 그래서 꼭 필요한 것인지, 또는 왜 갖고 싶은지 이유가 있어야 한다고 덧붙여 설명해 줬지요.

한 번으로 끝나는 일은 아니에요. 앱을 켤 때마다 광고 영상과 푸시 메시지, 팝업 메시지 등이 쏟아지니까요. 앱 설치로 끝나는 게 아니라 결제를 유도하는 상품 등도 숱하게 많습니다. 앱 알람 끄고 푸시 메시지 차단해도, 아이의 본능적인 호기심까지 완벽하게 차단하는 것은 어렵더라고요. 한번은 이미 유료 결제를 해

둔 학습 앱이라서 더 이상의 광고는 없을 줄 알았는데, "점수 늘려 주는 부스터 사 볼래요?"라는 팝업을 보자마자 아이가 무심코 결제한 일이 있었어요. 우리나라 앱들은 취소나 환불이 쉬운 편인데, 구글플레이 앱 내 결제를 이용하는 해외 앱들은 환불이 거의 안 됩니다. 이메일 쓰고 자초지종을 말해도 끄덕도 안 해요.

크지 않은 금액이었지만 이 사건(!)에 아이도 저도 많이 놀랐어요. 제가 항상 "혹시 결제 팝업 뜨면 엄마 불러"라고 말했는데, 아이가 까맣게 잊고 결제 비밀번호까지 눌러 버렸기 때문이죠. 결제 잠금 장치가 패턴을 그리는 거였는데, 너무 쉬운 'ㄱ'자 패턴이었던 나머지, 아이가 한 번에 해제해 버린 거죠. 그동안 단단히 교육시켰다고 생각했는데도 유혹에 빠지는 아이를 보고, '결국 게임이든, 학습이든 디지털 미디어 접근 차단만이 답인가' 싶어 속상하기도 했어요.

하지만 다시 마음을 다 잡았어요. '나는 아이랑 대화하는 사람이야. 다시 해 보자'라고요. 이 말은 스스로에게 거는 세뇌예요. 끊임없이 유혹을 걸어오는 미디어에게서 아이를 지키려면, 차단하고 혼내는 것만으로는 안 돼요. 다시 가르치고 다시 이야기해야 해요. 저는 결제 보안을 더 엄격하게 바꾸었고, 아이에게도 앱 하다가 새로운 게 보이면 '어? 이거 뭐지?' 하고 한번 생각하는 시간을 꼭 가져야 한다고 알려 줬어요.

광고에 대해서 알고 나서도 아이는 여전히 유혹에 흔들릴 때가 있지만, 그것이 어떤 역할을 하는지 알기 전과 후는 확실히 달라요. 저는 여섯 살 즈음부터 그런 이야기를 해 주었는데, 아이가 어떤 광고를 보고 나더니 "엄마! 나 스스로 유혹을 이겨 냈어"라고 말한 적도 있었고, 또 하루는 갖고 싶은 게 있다면서 3가지 이유를 생각해 와서 저를 설득한 적도 있었어요..

보고 있는 드라마나 예능에 출연하는 연예인이 등장하는 광고가 프로그램 앞·중간·뒤에 나오는 것은 말할 것도 없고, 프로그램 중에 상품이나 브랜드 PPL이 나오는 것도 일상화되었어요. 아이들 콘텐츠를 볼 때도 앞뒤로 인기 있는 완구 광고가 꼭 붙지요. 최근에는 어린이 앱 광고도 늘어나 영상 막바지에 "다운로드 받아 보세요!"라고 부추기는 멘트도 많아졌더라고요. 이런 방송 광고는 그나마 다행이에요. 대놓고 이건 광고다 하는 것은 우리가 충분히 의연하게(!) 대처할 수 있지만, 그 침투 방법이 정교한 광고들도 있어서 홀린 듯이 설치하고 구매하는 것이 적지 않지요.

광고와 마케팅의 중요한 개념 중에 '고객 접점'이라는 것이 있어요. 오프라인 중심일 때는 고객과 상품(회사)과의 접점이 많지 않았지만 온라인으로 옮겨지면서 그 접점이 대폭 늘었어요. 빅 데이터 분석과 AI 알고리즘이 일상화되면서 이용 기록이 적극적으로 활용돼 광고가 침투할 수 있는 영역이 엄청나게 늘어났기 때문이죠. 무심코 '청소' 관련해 검색을 했더니 곰팡이 제거제나 청소용 만능 솔이 자꾸 피드나 스토리 광고에 뜨는 식이지요. 개인적이고 구체적인 관심사에 맞춰 제공되는 이미지와 광고 메시지가 늘면서 가끔은 소름 끼칠 정도예요. 어떤 때는 생각만 한 것 같은데 추천을 해 줘서 깜짝 놀랄 때도 있어요.

미디어 리터러시에서 '광고'는 빼놓을 수 없어요. 미디어는 상업성과 사회성을 둘 다 가진 양면 시장이기 때문이죠. 구글(유튜브), 메타(페이스북, 인스타그램) 등 미디어 회사의 대부분은 광고 수익으로 운영되기 때문에 광고가 가진 영향은 아주 큽니다. 디지털 광고는 조회 수, 체류 시간 등 광고 효과가 정확하게 측정되기 시작하면서 급팽창했어요. 광고주의 타깃에 정확하게 도달할 수 있는 정교한 툴이 생기면서 콘텐츠와 밀결합되기 시작했고요.

인플루언서의 협찬 광고도 일상화되었어요. 수천 명 수준의 팔로워를 가진 마이크로 인플루언서도 늘어나면서 일상에서 광고와 추천이 범람하게 되었지요. 그렇기 때문에 광고를 차단하거나 피하는 것도 필요하지만, 다양한 방식의 광고와 추천 방식 등에 대해서 아이와 이야기를 나누는 것이 더 중요해졌습니다. 부모도 잘 모르는 형태의 광고가 늘어나고 있거든요.

저는 미디어 플래너를 거쳤는데, 10년 전 IPTV 광고본부에서 광고를 의뢰하는 고객에게 최적의 미디어 믹스를 제안하는 일을 했어요. 같은 돈을 쓰고도 어떻게 하면 타깃 고객에게 광고가 많이 노출될지 분석해서 클라이언트(광고주)에게 제안하는 일이에요. 당시에는 아직 모바일 시장이 활성화되기 전이었기 때문에 IPTV 광고는 날개 돋친 듯 팔려 나갔어요. 20대 여성을 타깃으로 한 화장품 광고주는 매달 수천 만 원을 내고 광고를 의뢰했어요. 2035여성이 많이 보는 프로그램과 시청 시간대 등을 고려해서 제안을 했고요. 실제로 광고 효과도 좋아서 회사도 클라이언트도 서로 윈윈할 수 있었죠. 당시 광고는 단순했어요. 시청률이 높은 프로그램을 지정하거나 타깃의 성, 연령의 시청률이 주요 지표였습니다. 2013년 이후 모바일 광고가 본격화되었고, 이제 콘텐츠가 있는 어느 곳이나 광고의 공간이 되고 있어요.

인스타그램의 피드, 스토리, 릴스 등의 광고도 일상화되었어요. 저는 인스타그램에서 3,000명이 안 되는 팔로워를 보유한 마이크로 인플루언서(?)예요. 참 신기하게 1,000명 정도가 됐을 때부터 광고 의뢰가 꽤 왔어요. 아이들 로션, 연고, 전자 기기, 도서 등의 협찬 요청이 있었어요. 제가 평소에 사용하던 것이 아니고, 아이들 용품은 하지 않는 게 좋겠다는 생각에 진행한 적은 없어요. 이제 SNS 그 자체가 광고의 장이 되었다고 해도 과언이 아니에요.

아이들은 아직 시간 개념이 완전히 정립되지 않았고 장기적인 관점으로 무언가를 이해하는 능력도 부족해요. 내가 하는 행동이 어떤 영향을 불러올 지 예상하기도 어렵고요. 인스타그램 등 SNS는 가입 연령이 만 14세 이상임에도 불구하고 초중학생들이 나이를 속여 가입하는 경우가 많아요. 만 3~9세 어린이들의 인스타그램 이용률이 85퍼센트에 달하는 걸 보면요. 허락을 받고 가입하는 아이들도 있지만, 많은 수는 자신의 나이를 만 14세 이상으로 임의로 기재한 다음 SNS에 가입하고 있어요. 그러다 보니 부모도 모르게 벌써 SNS 활동을 하는 사례도 있고요.

인스타그램은 두세 개의 콘텐츠에 광고 하나가 나올 정도로 광고의 노출 비중이 굉장히 높은 SNS예요. 꼭 해당 키워드를 검색하거나 좋아요를 누르지 않아도, 내가 어떤 게시물을 본 체류 시간 등을 고려해 비슷한 상품이나 콘텐츠가 계속해서 추천되는 것이 SNS의 알고리즘이에요. 아이들에게 콘텐츠와 광고의 경계가 불분명해지고 있다는 점, 내가 관심 있는 것만 모아서 보여 주는 맞춤형 정보 또는 광고가 가져오는 장단점에 대해서도 꼭 이야기 나눠 보세요.

메타 인지까지
디지털에 맡기지는 마세요

교육에 디지털 미디어가 도입되면서 좋아진 점은 한눈에 나의 상황을 파악해 주는 것입니다. 잘하는 것, 못하는 것이 무엇인지 디지털이 알려 주죠. 그런데 주의해야 할 것이 메타 인지는 누가 알려 줘서 길러지는 능력이 아니라는 것입니다. 스스로 시행착오를 거쳐야 메타 인지를 키울 수 있습니다.

메타 인지는 문해력과 함께 교육계의 큰 화두예요. 메타 인지가 높아야 공부를 잘한다고 알려지자 엄마들 사이에서 메타 인지를 키워 주는 방법이 한동안 화제가 되기도 했고요. 한 교육업체는 '대한민국 메타 인지 스위치'라는 말을 써 가며 공부머리가 트이는 디지털 교육 콘텐츠를 홍보하고 있어요. 그런데 메타 인지는 엄마가 알려 줘서, 디지털 미디어가 도와줘서 기를 수 있는 것이 아니에요. 책 『자발적 방관육아』(쌤앤파커스)를 쓴 최은아 선생님은 엄마가 '의도적으로 게을러지면' 생기는 것이 메타 인지라고 말해요. 메타 인지는 지식을 바로 알려 주지 않았을 때 생겨나는 것이기 때문에 엄마가 뭔가를 자꾸 가르쳐 주지 말자고 해요. 가르치고 배우는 것이 아니라, 스스로 찾아내고 알아내는, "머리를 쥐어짜고, 울고불고, 짜증을 내야 생겨난다"고요. 이 과정에서 부모가 해 줄 수 있는 건 응원뿐이에요.

『메타 인지 학습법』(21세기북스)을 쓴 리사 손 교수도 "실수와 실패가 없는 환경은 아이들에게 장기적으로 더 큰 착각을 불러 일으킨다"고 말합니다. 오히려 실수와 실패는 학습이 서툴다는 징표지만 메타 인지를 키우는 데는 좋은 환경이 된다고요. 아이들이 실수를 피해가도록 도와줄 것이 아니라 적극 장려해야 하는 것이죠. 자수성가한 억만장자인 스팽스 창업자 사라 블레이클리는 어릴 때 밥상머리에서 아버지가 항상 "이번 주에는 뭘 실패했니?"라고 물어보곤 했다고 해요. 부모와 실패한 것을 자연스럽게 공유하면서 어떻게 더 나아질까 생각하게 되고, 실패에 대한 두려움을 줄일 수 있게 되었지요.

요즘 디지털 학습 프로그램은 사용자의 취약점을 정확하게 분석해 주고 해결책을 제시합니다. 심지어 나보다 나를 더 잘 아는 것 같죠. 그런데 이 분석 과정을 모두 디지털에 맡기는 것은 공부에 대한 주도권을 넘기는 것이나 다름없습니다. 학습의 주인은 '나'라는 점을 잊지 말아야 합니다.

부모는 아이가 디지털 학습을 하면서도 스스로 메타 인지를 키울 수 있도록 도와줘야 합니다. **아이가 스스로 익히고 깨칠 수 있게 산파 역할을 해 주되, 직접적인 지시와 명령 투의 말은 줄여 나가야지요. 아주 쉽고 확실한 방법은 "네 생각은 어때?"라고 묻는 겁니다. 아이의 메타 인지, 회복 탄력성, 자존감 등을 모두 책임지는 마법의 문장이지요.**

예를 들어서 영어를 디지털 앱으로 공부하고 있는데, 문법 공부를 하루에 20분씩 더하면 점수를 10퍼센트 더 올릴 수 있다고 AI가 분석했다고 합시다. 그런데 아이는 문법보다 영어책 읽기를 20분 더 늘리고 싶다고 합니다. 이럴 때 아이의 생각과 의견을 존중해 그렇게 하라고 하는 겁니다. 무엇이 더 효과적인지는 알 수 없습니다. AI가 맞을 수도, 아이의 생각이 맞을 수도 있지요. 중요한 것은 스스로 나의 영어 공부에 대해서 생각해 보고 방향을 설정한다는 거예요. 이 과정에서 메타 인지가 자랍니다. 그 결과에 대한 책임도 아이가 지는 거죠. 성적이 많이 향상되지 않았다고 하더라도 공부의 주도권을 아이가 가지게 되는 소중한 경험이 됩니다.

5장

미디어 문해력 궁금증을
Q&A로 풀어 드립니다

Q1
영상은 '언제'부터
보여 줘야 할까요?

세계보건기구는 만 24개월 이전에 디지털 미디어 노출을 하지 않도록 권고하고 있어요. 미국소아과협회는 최근 조금 완화된 기준으로 만 18개월 이전에는 사용하지 않도록 하고 있고요. 최소 18개월 이후부터 영상 노출을 시작해야 하고, 그 시점은 언제든 더 늦출수록 좋습니다.

아이의 발달에서 생후 3년은 정말 중요해요. 아이의 두뇌는 엄마 배 속에서 20~30퍼센트만 자란 채 태어나 성장하며 완성됩니다. 만 3세까지는 자극에 따른 뇌 발달이 급격하게 이뤄지는 시기이고, 모든 발달의 기초가 되는 '안정 애착'을 형성하는 기간이에요. 안정 애착을 바탕으로 자기 조절 능력과 공감 능력 등도 키워 나갈 수 있기 때문에 '대면 상호 작용'이 그 어느 때보다 중요합니다. 영상 시청으로 인해 대면 상호 작용 시간이 줄어들게 되면, 그 시기에 꼭 이뤄져야 하는 사회성 및 언어 발달이 지연되거나 적절한 신체의 발달이 저해될 수 있습니다.

18개월 미만의 아이들에게는 주 양육자와의 상호 작용만큼 중요한 것은 없습니다. 이 시기에 아이의 울음에 반응하며 아이에게 꼭 필요한 것을 제공해 주고, 많이 안아 주고, 웃어 주고, 말 걸어 주는 것이 육아의 전부라고 해도 과언이 아니에요.

부모와의 상호 작용을 통해 아이는 세상이 안전한 곳이라는 것을 배우게 되고, 기본적인 의사 소통 방식을 익히게 됩니다. 누워만 있는 것 같은 아기들도 엄마와 눈을 맞추고 다정한 표정을 보며 안정적인 애착을 차곡차곡 쌓게 됩니다. 대면 상호 작용이 무엇보다 중요한 시기이니 만큼 교육적인 영상이나 프로그램 등도 이 시기에는 사용하지 않도록 하는 것이 좋습니다. 부모가 가장 훌륭한 콘텐츠이자 미디어란 사실을 확신하고, 영상 노출을 멀리 해 주세요.

18개월 이후 영상 노출을 시작한다면, 아이 연령에 적합한 콘텐츠를 골라 부모가 함께 시청해 주세요. 영상은 하루 30분 이내로 제한합니다. 만 2~5세는 1시간 이내로 영상을 볼 수 있습니다.

시청 시간 준수는 아이들의 뇌를 보호할 수 있는 중요한 지침입니다. 영상을 보는 기기도 휴대가 가능한 스마트폰이나 태블릿 PC가 아니라 TV 등 화면이 큰 기기로 고정된 장소에서만 볼 수 있도록 해 주세요.

미디어 노출을 시작할 때 좋은 습관을 들이면 향후 미디어 조절력을 기르기가 훨씬 수월합니다. 만 2~5세까지 아동기에 좋은 미디어 습관을 들이면 만 6~9세 초등기에 미디어를 활용한 학습에도 날개를 달 수 있습니다. 첫 단추를 잘 꿰는 것이 그래서 매우 중요합니다.

Q2
영상을 '어떻게'
보여 줘야 할까요?

18~24개월 국가 영유아 검진에도 '전자 미디어 노출 교육'이 포함되어 있습니다. △아이와 함께 있을 때 부모가 전자 미디어를 사용하지 않도록 하고 △아이가 보는 콘텐츠에 대해서 인지하고 있어야 하며 △디지털 미디어에 대한 장소·요일·시간 규칙을 정해야 하며 △하루에 1시간 미만으로 노출하도록 권고하고 있지요.

먼저, 만 2세 미만의 아이들이 영상을 혼자 보는 것은 매우 위험합니다. 여러 연구를 종합해 보면 보호자 없이 혼자 미디어를 시청한 아이들은 사회성 발달 지연의 비중이 더 높았습니다. 아이들은 전두엽 등 판단을 위한 뇌가 아직 충분히 발달하지 않았기 때문에 상상과 현실의 경계가 명확하지 않고, 사실과 의견의 구분이 쉽지 않습니다. 내용을 전체적인 관점에서 파악하기도 어렵고요. 그렇기 때문에 어른과 함께 영상을 보며 아이가 이해할 수 있도록 설명하는 등 시청 지도를 하는 것은 매우 중요합니다. 같이 영상을 보며 주인공이나 줄거리에 대해서 이야기를 하거나 느낀 점에 대해서 서로 생각을 나눠 보면 좋습니다.

영상 시청을 시작하는 18~36개월에는 노래를 함께 부르거나 율동을 따라 하는 등 상호 작용할 수 있는 콘텐츠를 보는 것이 좋습니다. 아직 3세가 되지 않은 아이들의 동영상 시청이 걱정되는 이유는 대면 상호 작용 시간을 줄이기 때문이고, 두 번째는 그 시간에 배워야 할 적절한 신체, 언어, 정서 자극 등을 받지 못하기 때문이에요. 보통 영상을 시청하게 되면 시각을 담당하는 후두엽만 활성화되고 생각을 담당하는 전두엽은 거의 사용하지 않는다고 해요. 그런데 글을 낭독하거나 몸을 움직이는 등의 신체 활동을 하면, 뇌가 전체적으로 활성화돼요. 동영상을 멍하니 보고만 있는 것이 아니라 노래나 율동을 따라 하면 오감이 자극돼 콘텐츠를 능동적으로 활용할 수 있게 됩니다.

무엇보다 부모가 일관성을 갖고 미디어 규칙을 세우고 지키는 것이 중요해요. 아이나 부모의 기분에 따라 영상을 보여 주거나, 보상으로 미디어 시간을 부여하는 것은 특히 위험합니다. 언제, 무엇을, 어떻게 볼지 명확하게 정하고 지킬 수 있도록 해야 해요. "어린이집 다녀와서 오후 5시에, 30분간, 핑크퐁 튼튼쌤 체조 보기"와 같이 규칙을 구체적으로 정하고 아이에게도 인지시켜 주어야 해요. 아이가 성장하면서는 그 규칙을 같이 세우고 스스로 지킬 수 있도록 도와주어야 하고요. 미디어 자기 조절력을 완전히 기를 때까지 부모와의 끊임없는 대화와 적절한 개입이 꼭 필요해요.

아이 스스로 콘텐츠를 고르거나 시간을 통제하는 것은 아주 어렵습니다. 거의 불가능에 가까운 일이죠. 서로가 상의한 미디어 규칙 하에 영상을 시청하고 활용할 수 있도록 해 주세요.

아이의 뇌는 스펀지 같기 때문에 어릴 때 많이 가르칠수록 좋다고 생각하고, 또 미디어로 효과적으로 가르치는 것을 선호하는 부모님들도 많이 계시죠. 하지만 이것도 전략적으로 해야 합니다.

일단 만 3세 이전에는 미디어로 학습하지 마세요. 해당 시기에 영상 노출을 추천하지 않는 것처럼, 디지털 기기로 학습하는 것도 같은 이유로 부적절합니다. 유아기는 인지적 교육 못지않게 공부에 대한 태도와 정서가 중요한 시기예요. 대면 상호 작용으로 공부에 대한 정확한 피드백을 받고 풍부한 정서적 지지(칭찬)를 받는 것이 더 중요해요.

만 3세 이후부터는 영어 영상을 노출하고 4~5세부터는 디지털 앱 등의 도움을 받을 수 있어요. 다만 전체 학습이 아니라 특정 영역 또는 일부만 디지털의 도움을 받기를 권해요. 여전히 책 읽고 쓰기와 같은 아날로그 방식이 더 좋습니다.

그 이유는 첫째로 읽기의 뇌가 완전히 정착되려면 책을 통한 읽기 훈련이 충분히 되어야 하기 때문이에요. 우리 뇌에는 '읽기'를 관장하는 부분이 따로 없습니다. 듣고 말하는 것은 자연스러운 발달 과정이지만, 읽기는 학습을 통해서만 활성화할 수 있는, 반드시 노력이 필요한 부분입니다. 읽기 뇌를 장착하기 위해서는 충분한 읽기 연습이 필요하고, 종이책 읽기가 가장 효과적입니다. 디지털 콘텐츠를 읽을 때 우리는 많은 방해와 맞서야 해요. 이미 태블릿 PC에 설치돼 있는 유튜브, 게임을 하고 싶은 유혹을 물리쳐야 하고, 그 과정에서 뇌는 상당량의 에너지를 소진합니다. 이후 전자책 등을 펼쳤다고 해도 정독을 하는 것이 아니라 초반만 읽다가 결론으로 직행하는 F자형 읽기, 또는 전체를 훑어 읽는 Z형 읽기로 내용을 꼼꼼하게 파악하기 어려운 경우가 많아요. 같은 내용을 종이책과 디지털 기기로 읽었을 때를 비교해 보았더니, 디지털로 읽었을 경우 전체 내용과 인과 관계를 파악하기 어려워하는 경우가 더 많았습니다.

둘째로는 초등 저학년까지도 소근육 발달이 아주 중요한 발달 과제이기 때문이에요. 소근육 발달은 아동 발달의 핵심 과제 중 하나입니다. 영유아 검진 및 발달 선별 검사에서도 대근육·소근육 발달을 가장 먼저 확인하는 이유죠. 섬세하게 다루는 것이 많아질수록 아이가 긍정적인 자아 개념을 갖게 돼요. 내 스스로 조작할 수 있는 것이 많아지면서 성취감과 만족감이 커지기 때문이죠. 무엇보다 소근육 발달을 통해 뇌가 계발되기 때문에 아이가 다양하게 탐색하고 조작하는 경험이 중요합니다. 실제로 초등 저학년까지는 그림 그리고 색종이 오리고 붙이는 등의 미술 활동이 수업의 상당 부분을 차지해요. 소근육 발달이 그만큼 중요하다는 뜻이죠. 그런데 요즘 이걸 어려워하는 아이들도 꽤 많아요. 디지털 쓰기가 익숙해지면 생각보다 연필 쓰기를 어려워해요. 운필력을 충분히 기를 수 있도록 해 주시고, 문제 풀이 중심의 디지털 학습보다는 사고력을 기를 수 있는 학습 방법을 고민해 보면 좋겠습니다.

Q4
영상을 계속 더 보여 달라고 하면
어떻게 하나요?

　먼저 아이와 함께 세운 규칙이 과도한 것은 아닌지 살펴보세요. 미디어 또는 생활 규칙은 아이가 큰 노력 없이도 지킬 수 있는 수준의 것이 좋습니다. 70~80퍼센트는 편하게 지킬 수 있고, 나머지는 스스로 노력해서 해낼 수 있는 정도로 설정해 주세요. 그래야 아이가 규칙을 지키는 것에 대한 성취감을 느낄 수 있고, 조금 도전적인 목표도 해낼 수 있다는 자신감을 가질 수 있습니다. 예를 들어서 아이가 평소에 40분 정도 영상을 시청한다면, 서로 상의해 30분 정도로 규칙을 정하고 지킬 수 있도록 해 보는 것도 방법입니다. 아이가 규칙을 잘 지키나 못 지키나 감시하는 것이 아니라 스스로 정한 목표를 지킬 수 있도록 격려해 주는 것이 부모의 일입니다.

둘째로, 아이의 요구가 과하지 않다면 수용해 주는 것도 방법입니다. 전체 시청 시간의 20퍼센트 정도는 버퍼 시간으로 마련해 주고, 아이의 요구를 들어주세요. 예를 들어 5세 아이가 약속한 40분의 영상을 시청했고, 10분 정도 더 보고 싶어 한다면 "지오가 오늘은 페파피그를 10분 더 보고 싶구나. 그럼 10분만 더 보고 스스로 꺼 보자"라고 말해 주는 겁니다. 아이는 엄마가 혼내지 않고 자신의 요구를 수용해 줘서 기분이 좋고, 다음에는 약속을 지켜야지 하는 긍정적인 마음이 생깁니다. 연령에 맞는 총 시청 시간(1시간)을 넘지 않는 범위에서, 아이와 상의한 규칙을 크게 넘어서지 않는 선에서 수용해 주는 것도 괜찮습니다. 버퍼 시간까지 모두 소진했는데도 지속해서 요구하면, 아이에게 미디어 규칙을 상기시키고 미디어 자기 조절이 왜 중요한지 이야기 나눠 보세요.

셋째는 시간이 눈에 보이거나 미리 알람을 주는 도구를 활용해 보는 겁니다. 10세 미만의 아이들은 시간에 대한 구체적인 개념이 약합니다. 시간을 시각화하는 '타임 타이머' 등을 활용해 본인이 얼마나 미디어를 이용하는지 실감 시켜 주는 것도 도움이 됩니다. 타임 타이머는 시간을 넓이로 표현해 시간이 줄어드는 것을 바로 알 수 있어요. 줄어드는 시간을 보며 곧 TV를 끌 시간이라는 것을 알 수 있습니다. 타이머 등으로 시간을 미리 설정하는 것도 한 방법입니다. AI 스피커, 스마트폰 등에 "AI야, 30분 타이머 해 줘"라고 설정해 두면, 약속한 시간에 알람이 울려서 엄마가 멀리서 "TV 꺼"라고 말하는 것보다 훨씬 효과적입니다. 잔소리로 들리지 않고, 이제 끌 시간이라는 것을 객관적으로 알려 주니까요.

미디어 규칙을 지키지 않는다고 해서 혼내기만 해서는 미디어 자기 조절력을 기르기가 더 어려워집니다. 이런 상황이 반복되면 아이들 마음속에 '왜 나는 규칙을 못 지키지. 나는 잘하는 게 없어. 엄마한테 매일 혼만 나고' 같은 마음이 생길 수 있습니다. 미디어 규칙이 족쇄가 되어 서로를 괴롭히고 있다면 대화로 다시 내용을 정해 보세요. 재밌는 영상을 더 보고 싶은 아이들의 마음을 공감해 주고, 미디어 시간 대신 부모와 놀이 시간을 조금 더 늘려 보는 것도 좋은 방법입니다. 하루 30분의 영상 시청을 약속했는데 번번이 약속을 깨 서로 갈등 중이라면, "지연아, TV 끄고 엄마랑 블록 놀이 할까? 병원 놀이는 어때?"와 같이 아이가 좋아하는 활동으로 전환시켜 보세요. 더 자세한 내용은 1장의 '미디어 자기 조절력 기르는 5가지 방법'을 참고해 주세요.

Q5
지금이라도 영상 노출을
줄이거나 끊을 수 있을까요?

네! 충분히 가능합니다. 어릴수록 더 끊기 쉽습니다. 미디어가 있어야만 떼를 달랠 수 있거나, 미디어가 없으면 아이도 부모도 불안해 하거나, 아이의 여가가 모두 미디어로 채워진다면, 지금 당장이라도 끊을 노력을 해야 합니다. 늦었다고 생각할 때가 가장 빠른 때입니다.

미디어 의존증(중독)은 전 세계적으로도 큰 문제예요. 개별적인 권고로는 해소될 수 없다고 판단한 많은 국가들이 '전면 금지'라는 강수를 둔 것도 그 때문입니다. 호주는 전 세계 최초로 청소년 SNS 금지법을 통과시켰습니다. SNS 오남용이 그만큼 심각하다고 생각했기 때문이죠. 덴마크는 최근 초등학생, 중학생들에게 학교에서 휴대전화 사용을 금지하는 법안을 시행했어요. "학교는 자아 성찰을 위한 공간이 되어야 한다"는 것이 그 이유입니다. 스웨덴은 디지털 교과서를 도입했다가, 최근 6세 미만의 아동이 다니는 유치원에서는 디지털 활용을 전면 중단하기로 했어요. 아이들의 사고력, 집중력, 문해력에 디지털 기기가 악영향을 미친다고 판단했기 때문이죠. 가정 내에서도 영상이나 게임, SNS 이용 등으로 심각한 갈등이 되고 있다면, 문제 의식을 나누고 줄이려는 시도를 해 보는 것은 꼭 필요합니다.

그 첫 번째 방법은 '제거'입니다. 눈에 보이고 쉽게 접근 가능하다면 아이들이 그 유혹을 이겨 내기 쉽지 않아요. 아이가 보는 앞에서 부모도 스마트폰 사용을 줄이거나 하지 않고, 아이가 접근하던 스마트폰이나 태블릿 PC를 치워 두는 것도 필요합니다. 거실에 있는 TV에 덮개를 씌워 두거나 다른 방으로 옮기는 것도 도움이 됩니다.

두 번째는 시간 규칙 못지 않게 '장소' 규칙을 잘 세우는 것입니다. 스마트폰이나 태블릿 PC로 영상을 보면 위험한 이유가 언제 어디서나 영상을 보여 달라고 떼쓰기가 가능하기 때문이에요. 영상은 고정된 장소, "거실에서 TV로만 본다"와 같은 규칙을 세우면 좋습니다. 개인 스마트폰을 이용하는 나이일 때도 "화장실이나 욕실에는 스마트폰을 들고 가지 않는다", "스마트폰 충전은 반드시 거실에서 한다", "잠자기 전에는 스마트폰을 반납한다"와 같은 장소 규칙을 정하도록 합니다.

세 번째는 '빈도 줄이기'를 해 보세요. 자주 하면 자주 생각납니다. 도파민 중독의 빈도가 늘어나면 보다 강화되는 것은 말할 것도 없고요. 아침, 저녁으로 영상을 보고 있다면, 하루 한 번으로, 매일 보고 있었다면 횟수를 줄이거나 주말에만 이용하는 식으로 조절해 보는 것도 좋습니다.

영상 시청을 줄이거나 없애면 단기적으로는 아이의 짜증이 늘 수 있습니다. 욕구가 충분히 해소되지 않았다고 느끼는 거죠. 이럴수록 부모의 적극적인 상호 작용이 필요해요. 아이가 좋아하는 놀이나 활동을 찾아 함께해 주세요. 부모의 노력이 더 필요하지만 장기적으로 아이도, 부모에게도 좋은 일이에요. 외출시 가방에 스케치북, 색연필, 카드 놀이, 책 등을 챙겨 다니고, 아이가 놀아달라고 할 때 잘 반응해 주어야 합니다. 부모와의 관계를 좋게 만들수록 미디어 제한은 성공할 수 있습니다. 아이들은 좋아하는 사람을 따르게 되어 있습니다.

Q6
영상 노출을 했더니
책을 읽으려고 하지 않아요

우리 뇌에는 읽기를 담당하는 영역이 없습니다. 읽기 뇌는 훈련을 통해서만 발달될 수 있습니다. 뇌의 여러 영역이 '네트워킹'해서 읽기 회로가 만들어지고, 이 읽기 회로가 잘 닦인 친구들은 같은 텍스트를 읽었을 때 훨씬 더 이해를 잘하게 됩니다. 오솔길에서 덤불을 헤치고 책을 읽어야 하는 아이들이 있는가 하면, 시원하게 뚫린 고속도로를 달리듯 텍스트를 쉽게 읽는 아이들이 있습니다. 읽기 뇌 훈련이 얼마나 잘 되었느냐에 따라 이렇듯 차이가 납니다.

영상에 일찍부터 노출되고, 충분한 읽기 훈련이 되지 않으면 점점 책 읽기가 어려워지는 것은 당연합니다. 우리 뇌는 쉽고 편한 것을 좋아해요. 큰 노력을 들이지 않고 할 수 있는 것에 손이 가죠. 집중해야 하는 종이책 읽기보다 영상을 통해서 학습하는 것을 선호하는 것은 뇌의 당연한 선택입니다.

영상에 익숙해지면 학습을 잘하기가 힘듭니다. '읽기 뇌'가 만들어지지 않으면 학습에 속도를 낼 수 없기 때문이죠. 특히 학습량이 많아지는 중고등학생이 되면 듣는 공부 또는 보는 공부로 학습을 메꿔 오던 아이들의 하락세가 뚜렷하게 나타납니다. 듣는 공부는 시간이 너무 많이 드는 공부법이기 때문이죠. 고학년이 될수록 개념과 추론이 학습의 성패를 결정짓습니다. 충분한 읽기가 되면, 글을 읽고 내용을 정리하는 능력이 발달합니다. 복잡한 텍스트를 읽어도 개념을 바탕으로 구조화가 진행되어 더 쉽게 이해가 되는 거죠.

책을 잘 읽던 아이도 초등 중학년 이상이 되면 글밥이 많아지면서 글 읽기에 거리를 두게 돼요. 그런데 하물며 영상에 이미 익숙해져 버린 아이는 글을 읽어야 할 이유를 찾지 못할 거예요. 다행인 것은 지금이라도 늦지 않았어요. 우리 뇌는 끊임없이 변화하고, 사춘기 전까지 뇌가 충분히 발달할 시간과 기회가 있기 때문입니다. 영상 노출 시간이 너무 길다면(하루 2시간 이상) 줄이려고 노력하고, 책 읽기 시간을 충분히 확보해 주세요. 초등학생이라면 하루 최소 1시간은 책을 읽어야 해요. 묵독만으로 책 읽기를 어려워하면 아이가 책을 소리 내어 읽도록 지도해 주시면 좋고, 책에 흥미를 느끼지 않는다면 책의 1/3 정도는 부모님이 소리 내어 읽어 주는 것도 도움이 됩니다.

Q7
스마트폰 시간을
늘려 달라고 요구합니다

초등학생이 되면 스마트폰 이용에 대한 엄청난 요구를 하게 됩니다. "내 폰이 생겼는데 왜 내 맘대로 못 하냐"며 자기 권리를 주장하기 시작합니다. 10세 이상이 되면 아예 묻지도 않고 자기 맘대로 해 버리는 경우가 부지기수이고요. 아직 부모에게 묻는다는 걸 아주 다행으로 생각해야 할지도 모릅니다.

처음 스마트폰을 사 주기 전부터 스마트폰 규칙을 명확히 하는 것이 가장 좋습니다. 스마트폰 사용에 대한 시간·요일·장소 규칙을 분명하게 하고, 어떤 용도로 사용하며, 문제시 어떻게 할지까지도 구체적으로 이야기를 나누는 것이 좋습니다. 하지만 이대로 지켜지지 않거나 상황이 바뀔 수 있지요. 아이의 요구가 있을 때 적극적으로 대화를 나누는 것을 추천합니다.

요즘 많은 가정에서 초등학생 아이가 하루 과제를 다 하면 스마트폰 게임을 자유롭게 해 주는 경우를 많이 봅니다. 아이 공부 습관을 잡을 때 효과적인 방법이라고, 공부 스트레스를 푸는 것도 있어야 하지 않겠냐며 추천하는 분들도 많습니다. 그런데 저는 그런 방법에 완전 반대해요. 아이들이 게임을 해야 학업 스트레스가 풀릴 정도로 과도한 양을 시키는 것도 문제라고 보고요, 미디어를 학업 보상으로 쓰는 방법은 장기적으로도 해롭다고 생각합니다.

가정마다 미디어 규칙이 다르다는 점을 알려 주세요. 아예 영상을 못 보게 하거나 게임을 하지 않는 가정도 있다는 것을 넌지시 알려 주고요. 우리 집 미디어 규칙이 상의 하에 이뤄졌다는 점을 상기시켜 주세요. 물론 아이의 요구와 근거가 적절하고, 반영해도 일상에 큰 무리가 없다면 수용해 줄 수도 있지요. 다만 미디어 규칙이 시도 때도 없이 바뀌지 않도록, 적절한 가족 회의 주기를 정해 개정될 수 있도록 하면 더욱 좋겠지요?

Q8
미디어로 '똑똑하게'
공부하는 방법을 알려 주세요

만 5세 이후 디지털 콘텐츠의 도움을 받으면 반복 학습과 흥미 유발에 유리한 경우가 많습니다. 요즘은 온라인에서 전문가를 쉽게 만날 수 있고, 전문 지식을 학습한 AI가 장착된 교육 프로그램도 시중에 많이 나와 있습니다. 적절히 활용하면 학습의 효율을 더할 수 있는 좋은 기회입니다. 제가 사용해 보고 좋았던 프로그램을 소개해 보겠습니다(교육 회사에서 나온 학년 진도별 디지털 교재나 앱은 포함하지 않았습니다).

영어/외국어

영어 학습에는 디지털 활용이 아주 유리합니다. 유튜브에는 연령별로 학습할 수 있는 영어 영상이 넘쳐납니다. 만 10세 이전은 '황금 귀'를 가진 시기입니다. 충분한 영어 듣기는 향후 아이들이 영어를 보다 편하게 느낄 수 있게 해 줄 거예요. 대신 영상 시청에 제어 장치가 있어야 합니다. 유튜브는 키즈 전용 앱으로 시청하고, 개별 콘텐츠보다는 교육적으로 검증된 '채널'을 선정해 시청하도록 합니다. 자동 재생이 되어 있다면 반드시 해제하고, 아이가 보는 콘텐츠가 어떤 내용인지 부모도 숙지하고 있어야 해요.

효과적인 영어 학습 앱도 많습니다. 초등학생 이하는 'AI펭톡' 앱 이용을 추천합니다. 교육부와 EBS가 함께 만든 앱이고, 무료입니다. 펭수가 알려 주는 회화 교육 프로그램으로, 아이들의 흥미와 교육 과정을 고려해서 제작된 앱이에요. 원어민 억양과 내 발음 등을 비교해서 알려 주고, 따라 하며 실력을 향상시킬 수 있도록 만들어졌습니다. EBS 온라인 사이트를 활용하면 전자책을 수준별로 보여 주거나 인기 강사의 문법·회화 강좌도 무료로 들을 수 있어요.

외국어 학습 앱으로는 '듀오링고'를 추천합니다. 전 세계에서 가장 많이 사용하는 외국어 학습 앱으로 1억 명 이상이 이용하고 있어요. 무료이고, 꾸준히 학습하도록 독려하는 다양한 장치들이 있어요. 다만 무료일 때에는 광고가 자주 나와서, 유료 결제를 유도하는 단점이 있어요. 연간 비용은 8~9만 원 수준이니 월 7,000~8,000원이면 이용할 수 있어 저렴한 편입니다. GPT4를 기반으로 한 AI학습 앱으로, 수준별로 학습 콘텐츠를 제공하고 자신의 부족한 부분은 반복해서 보완할 수 있게 해 준다는 장점이 있어요. 영어를 기반으로 제2 외국어를 알려 주기 때문에 두 마리 토끼를 한 번에 잡을 수 있어요. 앱 내에서 친구를 추가하고 서로 미션을 함께 수행하거나 응원해 주는 기능도 있어서, 친구 또는 가족과 함께 공부하며 시너지를 낼 수도 있어요.

이외의 다양한 화상 영어 프로그램을 활용하는 것도 스피킹 실력 향상에 큰 도움이 돼요. 영어 듣기가 어느 정도 가능하고, 책상에 20~30분 이상 앉을 수 있는 초등학생이 되면 화상 영어 활용을 추천합니다(프로그램별로 다르겠지만 미취학 시기는 비대면 수업의 효과가 제한적이고 아이들이 집중해서 수업하기는 어려워 추천하지 않습니다). 화상 영어는 주 2회 30분 기준으로 월 10만 원 미만인 비원어민 영어 교사부터 월 20만 원 수준인 원어민 영어 교사까지 다양한 선택지가 있습니다. 여러 명이 함께 듣는 원어민 오프라인 수업이 주 2회 기준 월 30만 원 선인 걸 감안하면, 일대일 온라인 수업이 훨씬 저렴한 편입니다. 발화 기회도 더 많고 아이에게 맞는 수준별 수업을 할 수 있는 것도 큰 장점입니다.

수학/과학

코로나 시기를 거치면서 온라인 교육이 날개를 달았습니다. 화상 영어 정도가 전부였던 온라인에서 실시간 화상 강의가 점차 다양해지면서 교육 프로그램이 훨씬 풍성해졌어요. 수학, 과학도 그중 하나입니다. 교재나 실험 도구 등을 집으로 먼저 배송받고, 그걸 바탕으로 수업이 이뤄져요.

한번은 아이가 20명 정도로 이뤄진 줌 수업을 들었어요. '과연 집중이 될까?', '선생님이 아이들을 제어할 수 있을까?' 걱정도 많이 되었는데, 아이들은 놀라울 정도로 집중하더군요. 중요한 것은 온라인이냐 오프라인이냐가 아니라 수업 내용과 교육 방식이구나를 절실히 느낄 수 있었어요. '꾸그'에는 다양한 수학, 과학 수업이 있는데, 수강 후기를 통해 검증된 선생님들의 수업을 들을 수 있어요. 화상 수업은 부모님들에게 수업 내용이 오픈되니 아이가 어떤 수업을 어떻게 듣고 있는지 알 수 있어 신뢰할 수 있는 점도 좋았어요. 'SciShow kids(영어로된 과학 영상)', '과학드림', EBS의 '취미는과학' 등의 유튜브 과학 채널이나 방송 영상을 추천합니다. 요즘 많은 수학 교재나 전집(디딤돌, 수학/과학뒤집기 등등)에도 관련 영상이 QR 형태로 연계되어 있어서 주요한 공부는 아날로그 방식인 책을 활용하되 더 이해가 필요한 부분은 영상의 도움을 받을 수도 있어요.

이것만은 꼭!

나이별 디지털 미디어
가이드라인

0~18개월

1. 아이에게 디지털 미디어를 보여 주지 않습니다.

2. 부모의 스마트폰 및 디지털 미디어 이용도 줄여 보세요.

3. 교육적인 영상, 앱 등도 이 시기에는 사용하지 않도록 해 주세요.

4. 어쩔 수 없이 사용해야 하는 상황이라면 최소한만 이용하세요.

5. 이미 디지털 미디어 노출을 시작한 경우도 충분히 끊거나 줄일 수

   있으니 시도해 보세요.

18~36개월

1. 영상은 하루 30분 이내로 볼 수 있도록 해 주세요.

2. 스마트폰이 아니라 TV 등 큰 화면으로, 고정된 장소에서만 볼 수 있도록 해 주세요.

3. 아이에게 적합한 콘텐츠를 부모가 고르고 함께 시청해요.

4. 디지털 기기를 활용한 '동요'나 '음악 감상'은 적극적으로 사용해 보세요.

5. 영상 시청 시 율동을 따라 하거나 신체 활동을 할 수 있는 콘텐츠를 추천합니다.

만 3~6세

1. 영상은 하루 1시간 이내로 이용할 수 있도록 해 주세요.

2. 스마트폰이 아니라 TV 등 큰 화면으로, 고정된 장소에서만 볼 수 있도록 해 주세요.

3. 연령에 맞는 양질의 콘텐츠를 고르고 부모와 아이가 함께 시청해요.

4. 때와 장소, 내용 등 영상 시청에 관한 규칙을 아이와 함께 정해 보세요.

5. 미디어 자기 조절을 연습할 수 있게 타이머 등을 활용해 보세요.

6. 교육적인 영상·앱 서비스도 하루 1시간 이내로 활용하고 아이와

대화를 꼭 나눠 주세요.

만 7~9세

1. 영상 및 스마트폰은 하루 2시간 이내로 이용할 수 있도록 해 주세요.

2. 디지털 기기를 책임감 있게 사용하는 태도에 대해서 이야기를 나눠 보세요.

3. 미디어의 양면성(정보성 vs 상업성)과 광고와 홍보가 어떤 것인지 알려 주세요.

4. 미디어 자기 조절을 완전히 익힐 수 있도록 지속해서 보이는 타이머 등을 활용해 보세요.

5. 일주일에 하루나 이틀 정도는 동영상을 전혀 보지 않는 날로 정해 디지털 미디어를 이용하지 않고도 즐겁게 보낼 수 있는 경험을 많이 만들어 주세요.

6. 대화를 바탕으로 영상·게임·스마트폰 사용의 시간과 일시 등을 구체적으로 정한 '디지털 미디어 규칙서'를 작성해 보세요.

우리 가정만의 미디어 규칙 정하기

충분한 대화를 통해 우리 가정만의 미디어 규칙을 만들어 보세요. 대화를 많이 할수록 아이는 규칙을 지키기 수월해집니다.

(예시)

○○의 '영상' 시청 규칙

1. 영상은 TV로만 시청한다.
2. 하루 1시간 이내로 영어 영상을 시청할 수 있다.
3. 새로 보고 싶은 영상 또는 채널은 엄마, 아빠와 상의 후에 시청할 수 있다.
4. 평일 중 하루는 1시간 이내로 엄마, 아빠와 함께 보고 싶은 프로그램을 시청할 수 있다.
5. 주말 중 하루는 1시간 이내로 엄마, 아빠와 함께 보고 싶은 프로그램을 시청할 수 있다.

○○의 '스마트폰' 이용 규칙

1. 평일에는 전화와 메시지를 주고받는 용도로만 사용한다.
2. 엄마, 아빠 허락 없이 앱을 다운받거나 웹 사이트에 가입해서는 안 된다.
3. 침실이나 욕실에서는 영상 통화나 사진 촬영, 공유를 금지한다.

4. 잠자리에 들기 2시간 전부터 스마트폰을 사용하지 않고 저녁 8시에는 거실에 반납한다.

5. 스마트폰은 거실에서만 할 수 있고, 충전도 거실에서 한다.

○○의 '게임' 이용 규칙

1. 주말에는 오전 9시~오후 6시 사이에 60분 동안 태블릿 PC로 게임을 할 수 있다.

2. 게임 앱은 다운받기 전에 반드시 엄마, 아빠와 상의를 거친다.

3. 앱 내 결제 알림이나 비밀번호 입력 등의 요청이 뜨면 반드시 엄마, 아빠에게 알린다.

4. 광고나 팝업으로 외부 사이트 연결 요청이 뜨면 거부한다.

5. 게임 중 이상하다고 생각하는 부분이 있으면 반드시 엄마, 아빠에게 알린다.

에필로그

    미디어는 중간medium이란 어원을 갖고 있는데, 무언가를 중재하고 연결한다는 의미를 내포하고 있어요. 좋은 미디어는 소통을 돕습니다. 서로 연결시켜 대화하게 해요. 단절시키고 대화를 막는다면 좋은 미디어가 아니라고 생각해요. 그런 점에서 미디어 문해력(리터러시)의 키워드는 '대화'예요.

    0~10세 아이들과 꼭 대화해야 하는 이유는 아이들이 상상과 현실의 구분을 잘하지 못하기 때문이에요. 상상과 현실의 경계가 흐리기 때문에 엄청난 몰입을 보여 주기도 하고요, 더 위험하기도 합니다. 아직 전두엽이 충분히 발달하지 못한 아이들에게 미디어

속 콘텐츠를 끊임없이 현실과 연결지어 생각하게 해 주어야 해요. 미디어가 아동에게 미치는 영향을 조사한 수많은 연구에서도 미디어를 보여 줬느냐 아니냐보다는, 부모와 같이 시청했느냐, 대화했느냐가 아이의 발달에 끼치는 영향이 더 컸습니다.

제가 '어린이 미디어 리터러시'에 관한 책을 쓰게 된 이유는 첫 단추를 잘 꿰면 좋은 미디어 습관을 기르기가 쉽기 때문이에요. 요즘 아이들은 대부분 24개월이 채 되기 전에 미디어를 접해요. 그 시기가 점점 빨라지는 만큼 미디어 리터러시가 더 절실하다는 생각을 하게 됐어요. 나름 안다고 생각했던 저희도 미디어 이용과 통제는 어려운 과제였고, 아이가 초등학교 3학년이 된 지금은 게임과 SNS의 허용 사이에서 또 다른 줄다리기를 하고 있어요. 요즘 10대 아이들의 하루 평균 미디어 이용 시간은 8시간입니다. 일상을 장악한 미디어를 슬기롭게 활용하려면 10대 이전에 교육이 필수적이에요.

저는 이 책에서 최대한 상세하게 미디어 활용 팁을 드리려고 애썼어요. 하지만 이것이 모든 가정에 공통적으로 적용될 수는 없을 거예요. 저는 오히려 부모님들이 이 책에서 힌트를 얻어서 '우리 가족만의 미디어 규칙'을 만들고, 미디어를 소통의 도구로 활용하길 바랍니다. 가정마다 미디어 규칙은 다를 수 있지만 대화하는 가족이라는 문화는 꼭 만들어 가셨으면 합니다.

저희 집 리터러시 교육도 아직 진행형이에요. 좋은 미디어 습관을 갖고 있지만 아이가 완벽하게 자기 조절을 하는 것은 아니고, 종종 약속을 어기거나 유혹에 흔들리며 문제 상황을 만들기도 해요. 하지만 확실한 점은 '대화'한다는 거예요. 지나친 통제나 방임에 맡겨 버리지 않기 위해 노력하고 있어요.

저는 아이랑 싸우거나 화가 나는 일이 있을 때 "엄마 잠시 손 씻고 올게"라고 말하고 욕실에 갑니다. 손 씻으면서 심호흡하고 '나는 아이랑 대화하는 사람이야'를 되뇌고 옵니다. 돌아와서 아이에게 제가 느낀 점을 말하고, 아이에게도 "네 생각은 어때?" 하고 물어요.

이렇게 하면 일단 폭발하는 일은 없어요. 화가 나면 다른 사람 이야기가 귀에 안 들어오는데, 그럴 때 의도적으로 "네 생각은 어때?" 하고 물어서 '듣는 시간'을 가져야 해요. 아이 이야기를 들으면 자초지종이 꽤 이해되기도 하고요. 대화하다 보면 자연스럽게 문제가 풀려요.

어느 날은 번번이 미디어 규칙을 깨는 아이를 어떻게 해야 하나 걱정도 되고 답답하고 혼내는 것도 지쳐서 아이한테 "엄마가 도대체 어떻게 하면 좋을까? 네 생각은 어때?"라고 물었어요. 그랬더니 아이가 "엄마, 잘못한 건 혼내면 되는데 대신 '앞으로 잘해 보자, 아자 아자 파이팅!' 해 주세요"라고 하더라고요. 다시 잘할 수 있다고 말해 주면 혼나도 속상하지 않다고요. 이때 정말 크게 깨달았어요. 아이도 잘하고 싶은데 잘 안 될 때가 있고, 이때 필요한 건 응원뿐이라고요.

오늘도 유튜브 때문에, 게임 때문에 아이와 씨름하고 있는 부모님께, 이 책이 미디어 습관을 다시 잡고 아이와 대화하는 작은 계기가 되면 좋겠습니다. 우리 지치지 말아요, "아자 아자 파이팅!"

동영상 스스로 끄는 아이

초판 1쇄 발행 2025년 6월 2일

지은이 이윤정
발행인 양진오
편집인 미미 & 류
발행처 교학사
등록번호 제25100-2011-256호
주소 서울마포구마포대로 14길 4 5층
전화 02-707-5239
팩스 02-707-5359
이메일 miryubook@naver.com
인스타그램 @miryubook

ISBN 979-11-88632-32-9(13590)

미류책방은 교학사의 임프린트입니다.